Helmut Erfurth

Vom Original zum Modell Junkers

Ju 188

Bernard & Graefe Verlag

Das Umschlagbild zeigt das Farbfoto einer JFM Ju 188 auf dem Flugplatz in Bernburg.

Bildnachweis:
Archiv EADS, Ottobrunn: 15
Archiv IG Luftfahrtgeschichte Sachsen/Anhalt, Halle: 1
Bildsammlung Regnat, München: 5
Thomas Erfurth, Dessau: 6
Martin Kuras, Dessau: 1
Sammlung des Autors: 50
Verlagsarchiv: 1

Herstellung und Layout: Walter Amann, München
Satz: B. Krahmer, München
Reproduktionen: Schwertberger GmbH, Kaisheim
Druck- und Bindung: FIBO-Druck und Verlags GmbH, München
Printed in Germany

ISBN 3-7637-6026-1

Inhaltsverzeichnis

Vorwort

Die in den »Junkers Flugzeug- und -Motorenwerke Dessau A.G. (JFM)“ projektierte Ju 188 zählt zu den bekanntesten Kampfflugzeugen des Zweiten Weltkrieges. Aus der JFM Ju 88 B–Baureihe ab 1941 entwickelt und als Übergangslösung für die noch nicht einsatzbereite Neuentwicklung der JFM Ju 288 vorgesehen, vereint die Ju 188 wie kein anderes Kampfflugzeug in sich die Summe der militärtaktischen Erfahrungen der Piloten aus dem direkten Fronteinsatz in Verbindung mit den technologisch-konstruktiven Möglichkeiten im Flugzeugbau und in der Bewaffnung jener Zeit in Deutschland.
Technisches Know-how, gepaart mit Kenntnissen aus dem unmittelbaren Kriegseinsatz, ermöglichte es, in Abstimmung mit der material-technischen Basis und dem Arbeitskräftepotential der deutschen Wirtschaft in einer relativ kurzen Zeitspanne einen Flugzeugtyp zu schaffen, der als Kampfmaschine zugleich als Sinnbild der Technokratie im Nationalsozialismus anzusehen ist. Dazu wurden naturwissenschaftliche und technische Erkenntnisse unter Berücksichtigung wirtschaftlicher Erwägungen im Interesse einer militärischen Nutzung zur Durchsetzung bestimmter radikalpolitischer Zielstellungen genutzt.
Mit einer Gesamtstückzahl von 1237 gefertigten Exemplaren gehörte die JFM Ju 188 volumenmäßig zwar nicht zu den meistgefertigten Flugzeugtypen; sie repräsentiert jedoch einen wesentlichen Abschnitt des größten deutschen Flugbeschaffungsprogramms, der »Flugzeugfamilie Ju 88“. In seiner Gesamtheit steht das Programm von der Ju 88 bis zur Ju 488 für ein hervorragendes technologisch-konstruktives und logistisches Konzept, das nahezu einmalig und nicht nur für den deutschen Flugzeugbau beispielgebend war.
Eine neuartige stufenlose sphärische Vollsichtkanzel, die den Blickradius der Piloten erheblich erweiterte, vergrößerte Tragflächen und ein ebenso verändertes Leitwerk verbesserten die Flugeigenschaften und in Verbindung mit zwei leistungsstärkeren Triebwerken erhöhten sich qualitativ die Kampfwerteigenschaften des Flugzeuges.
Zugleich ermöglichte eine ständige Modifikation der Ausrüstung und Bewaffnung an diesem Flugzeugtyp eine Variantenvielfalt, wie sie sich entsprechend dem jeweiligen Einsatzgebiet im Kriegsgeschehen ergab. So erfolgte der Einsatz dieser Kampfmaschine als schneller Horizontal- und Bahnneigungsbomber, für Spezialaufgaben als Fernaufklärer und Torpedoträger. Ebenso lagen Projektunterlagen bzw. Baumuster als Höhenbomber, aber auch als Nachtjäger vor, die jedoch erst mit dem Ju 388-Programm realisiert werden konnten.
In vordringlichster Linie war die JFM Ju 188 jedoch auch ein Instrument jener Politik, deren erklärtes Ziel es war, das nationalsozialistische Expansionsstreben in Europa und darüber hinaus konsequent und mit aller militärischer Härte durchzusetzen.

Das Antlitz einer Ju 188. Es zeigt das charakteristische Merkmal einer modernen zweckoptimierten, aerodynamischen und transparenten Glashaube, die der Besatzung einen optimalen Sichtbereich und technisch perfekte Einsatzbedingungen bot.

Verzögerungen – Korrektur einer Fehleinschätzung

Über die strategische Bedeutung und militärtaktische Rolle einer zeitgemäßen und auch künftigen modernen Luftwaffe spekulierten zahlreiche Militärs bereits unmittelbar nach den Erfahrungen der Fliegerverbände des Ersten Weltkrieges. So entwickelten u.a. Sir Hugh Trenchard, Oberbefehlhaber der RAF, aber auch der amerikanische General Billy Mitchell Theorien zu einer strategischen Luftkriegführung. Darin hieß es: Wenn während einer militärischen Auseinandersetzung feindlich gesinnte Länder sich gegenüberstehen, muss der Gegner durch strategisch gezielte Luftangriffe schwerer Bomber im besonderen auf Zentren der Rüstungsindustrie so geschwächt werden, dass damit eine schnelle Kriegsentscheidung erzwungen werden kann.
Auch in Frankreich und Deutschland gab es solche Überlegungen und Planungsspiele. Als erster Generalstabschef der ab 1935 gegründeten deutschen Luftwaffe verfolgte Generalleutnant Walter Wever bis zu seinem frühen Tod 1936 das Ziel, strategische Fernbomber zu entwickeln und diese in großen Stückzahlen bauen zu lassen, um bei einem künftigen militärischen Schlagabtausch die strategisch wichtigsten Industrie- und Militäranlagen bzw. Verkehrswege im Hinterland des Gegners im operativ-taktischen Sinne auszuschalten. Nur so könnten nach seiner Ansicht schnelle militärische Entscheidungen im Interesse einer offensiven militär-taktischen Operation getroffen werden.
Dies war eine Militärdoktrin, die jedoch nicht von allen Militärplanern der Luftwaffe und der Wehrmacht mitgetragen wurde. Nach seinem Tod setzte sich daher eine andere Richtung durch, nach der die Luftwaffe in erster Linie das Heer im Bodenkampf erfolgreich zu unterstützen habe. Im wesentlichen verfolgten Hermann Göring als Reichsluftfahrtminister und Generalluftzeugmeister Ernst Udet diese Strategie.
Unmittelbar am Tag der »Machtübernahme« Adolf Hitlers als Reichskanzler am 30. Januar 1933 wurde in Berlin das »Reichskommissariat für die Luftfahrt« gegründet. Damit erhielt Göring den Oberbefehl über den Aufbau der deutschen Luftwaffe. Als Pilot und ehemaliger Kommandeur eines Jagdgeschwaders besaß Hermann Göring in erster Linie praktische Fronterfahrung, jedoch auch ein fundiertes militärtheoretisches Rüstzeug. Hinzu kam sein Organisationstalent, verbunden mit einem großen, selbstsicheren Durchsetzungsvermögen.
Zwischen dem 30. Januar und 12. Februar 1933 ließ Göring die ersten Schritte gegen den Wissenschaftler und Luftfahrtunternehmer Professor Hugo Junkers einleiten mit dem Ziel, sich die nicht nur in Deutschland modernste Forschungs- und Produktionsstätte, einschließlich der mehrere hundert Patente umfassenden Luftfahrttechnik und Logistik anzueignen, um mit diesem Know-how eine moderne Luftfahrtrüstung aufzubauen. Dabei knüpfte der von Göring beauftrag-

Luftbild der JFM Dessau, 1938.

Reichsmarschall Göring besucht die Junkerswerke Dessau, 1939.

Chefkonstrukteur Ernst Zindel im Gespräch mit dem Generaldirektor der JFM, Heinrich Koppenberg, 1939.

te Staatssekretär Erhard Milch dort an, wo Anhänger der Reichswehr, Vertreter des rechten Flügels der Reichsregierung und Angehörige der Bank- und Industriehierarchie bereits am Ende der Weimarer Republik begonnen hatten: Sie verlangten von Junkers die sofortige Übergabe aller Patentrechte, andernfalls würde er des Landesverrates angeklagt. Gleichzeitig wollte das Reich die Bezahlung aller bereits von ihm gelieferten Erzeugnisse sperren und die Junkerswerke aus der Liste derjenigen Unternehmen streichen, die im Rahmen eines »Programms für Arbeitsbeschaffung« Finanzbeihilfen erhalten sollten. Unter hohem psychischen und physischen Druck - leitende Firmenmitarbeiter und auch Familienmitglieder wurden zeitweilig in Schutzhaft genommen – unterzeichnete Junkers am 2. Juni 1933 »unter dem Zwang der Umstände« das geforderte Patentübertragungsabkommen. Damit war der »wissenschaftlich-technische Weg« für den Aufbau einer modernen Luftwaffe geebnet, der unter dem Decknamen »ABC-Programm« anlief.
Doch damit gab sich der am 5. Mai 1933 zum Reichsminister der Luftfahrt ernannte Hermann Göring noch nicht zufrieden. Entsprechend eines Beschlusses des erst im Mai 1933 aus dem Reichskommissariat für die Luftfahrt neu entstandenen Reichsluftfahrtministeriums vom 3. Oktober des gleichen Jahres, sollte Hugo Junkers die Majorität seiner Firmenanteile einem vom Staat eingesetzten Treuhänder übergeben. Dieser in der Wirtschaftsgeschichte und der deutschen Rechtssprechung wohl einmalige Tatbestand einer staatlich lancierten Erpressung gegen den Eigentümer eines der bedeutendsten Wirtschaftsunternehmen verfolgte das vordringliche Ziel, sich des wissenschaftlichen, technischen und organisatorischen Know-how von Hugo Junkers zu bemächtigen und ihn aus seinen Unternehmungen, vornehmlich dem Flugzeug- und Motorenbau, auszuschalten. In der Folgezeit politischen und juristischen Repressalien ausgesetzt, konnte sich Junkers diese Erpressungsmethoden nicht mehr erwehren. Zusätzlich durfte Junkers die Stätten seines Wirkens nicht mehr betreten und wurde bis zum Ende seines Lebens unter Hausarrest gestellt.
Mit der Einsetzung des einstigen Flickdirektors Heinrich Koppenberg am 6. Dezember 1933 als Aufsichtsratsvorsitzenden der Junkerswerke wurden schon die Weichen in Richtung Aufrüstung gestellt. Zu diesem Zeitpunkt lief in Dessau bereits das Rüstungsprogramm an, um in der Anfangsphase 400 Flugzeuge des Typs Ju 52/3m als Behelfsbomber zu fertigen und bis 1935 an das RLM auszuliefern. Großaufträge erhielten auch die Flick ATG in Leipzig und die Blohm & Voss-Werke Hamburg, die durch die staatlich sanktionierte Nutzung des Junkers-Know-how einen schnellen Einstieg in die Luftrüstung finden konnten. Gleichzeitig gingen auch mehrere Ausschreibungen des RLM an eine Reihe deutscher Flugzeugfirmen mit der Zielstellung, geeignete Jagdflugzeuge sowie leichte und mittlere Bomber zu entwickeln. Auch die Planung schwerer, sogenannter strategischer Bombenflugzeuge stand noch bis 1936 auf dem Programm der deutschen Luftrüstung.
Hitler wollte innerhalb kürzester Frist die größte, modernste und schlagkräftigste Luftwaffe der Welt haben. Daher ließ Göring im Zuge der Lossagung von den Rüstungsbeschränkungen des Versailler Vertrages und der »Wiedereinführung der allgemeinen Wehrpflicht« in Deutschland ab 16. März 1935 ganz offiziell das Luftrüstungsprogramm verfolgen. Innerhalb kürzester Zeit entstanden in nahezu allen Teilen Deutschlands Zentren des Flugzeugbaues mit der entsprechenden Zulieferindustrie. Da auch in den Waffengattungen des Heeres und der Marine eine forcierte Aufrüstung einsetzte, ohne dass die Prioritäten immer eindeutig geklärt werden konnten, musste diese Entwicklung zwangsläufig zu Engpässen in der Wirtschaft führen. Hinzu kamen noch die wehrwirtschaftlichen Bauvorhaben der Organisation Todt, von denen zwar alle Waffengattungen und damit verbunden letztendlich auch die Rüstungsindustrie profitieren konnten, die aber auch in nicht unerheblichem Maße Kapazitäten an Arbeitskräfte und Material benötigten.
Um eine für alle Seiten verbindliche Regelung zu finden, entstand ein Programm zur Förderung der Produktion von Rohstoffen und deren Verarbeitung sowie zur Entwicklung von Ersatzstoffen mit der Zielstellung, diese so effektiv wie möglich für die Rüstung einzusetzen. Schwerpunkte bildeten dabei die Verarbeitung von Eisenerz und Leichtmetallen, im besonderen von Aluminium- und Magnesiumlegierungen,

für die Luftfahrtindustrie. Aber auch die Erzeugung von Mineralöl, synthetischem Kautschuk, künstlichen Textilfasern und Kunststoffen besaß eine Vorrangstellung. Gleichzeitig sollte eine größtmögliche Rohstoff- und Ernährungsbasis in Deutschland geschaffen werden, damit während eines Krieges notfalls für eine gewisse Zeit bestimmte Rohstoff- oder Ernährungsdefizite ausgeglichen werden konnten, bevor aus besetzten Gebieten die entsprechenden Materialen bereitstanden.
Dieses auf dem Reichsparteitag der NSDAP am 9. September 1936 verkündete Programm in Form des zweiten »Vierjahresplanes« lag in der Verantwortung von Hermann Göring. Eine eigens dazu geschaffene selbständige Organisation, ab 1938 dem reorganisierten Reichswirtschaftsministerium unterstellt, koordinierte die genannten Aufgabenfelder mit den jeweiligen Industriezweigen, den einzelnen Reichsministerien und dem Heeresverbindungsamt. Das Reichsministerium für Rüstung und Kriegsproduktion übernahm dann unter der Leitung von Albert Speer ab September 1943 sukzessive diese Aufgaben.
Für Göring bedeutete die Leitung dieser Organisation in der Phase bis 1938 eine Erweiterung seiner Machtbefugnisse, die er im Interesse seines Reichsluftfahrtministeriums zu schätzen wusste. Schwerpunkt seines Handelns war jedoch der weiteren und schnellen Aufbau der Luftwaffe. Daher ließ er vordringlich Jagdflugzeuge und leichte Bomber bauen, so dass Fragen über der taktischen Eindringtiefe und der Erhöhung der Bombenlast nur eine untergeordnete Rolle in seinem strategischen Denken spielte.
Wie auch andere Militärplaner im Generalstab ließ sich Göring von der Überzeugung leiten, dass Deutschland auf eine Reihe von kurzen, jedoch mit aller verfügbaren Kräfte geführten Kriegen setzen muss, anstatt sich in langwierige Stellungs- oder Mehrfrontenkriege verwickeln zu lassen. Dies entsprach der sogenannten Blitzkriegsstrategie, die in der ersten Phase des Zweiten Weltkrieges von der deutschen Wehrmacht zwischen 1939 und 1940 auch mit sichtlichen Erfolg betrieben wurde. Für diese Art von lokal begrenzten Kriegen kam der Luftwaffe im wesentlichen die Aufgabe zu, die entsprechenden Truppenbewegungen durch lufttaktische Operationen wirkungsvoll zu unterstützen. Strategische Langstreckenbomber waren unter diesem Blickfeld militärtaktischer Planungen nicht vorgesehen und daher überflüssig.
Mit dem Fliegertod des Generalstabschefs der deutschen Luftwaffe, Generalleutnant Walter Wever, der am 3. Juni 1936 als erfahrener Pilot mit einem Flugzeug aus der Staffel des RLM, einer Heinkel He 70 mit der Kennung D-UZON, unmittelbar nach dem Start auf dem Dresdener Flugplatz als Flugzeugführer mit dem Bordmechaniker Kraus auf tragische Weise verunglückte, verlor das Reichsluftfahrtministerium und die deutsche Wehrmacht den wohl wichtigsten und konsequentesten Vertreter, der sich für die strategische Notwendigkeit, von tief im Hinterland des Gegners operierender mehrmotoriger Langstreckenbomber einsetzte.
Unmittelbar nach diesem Unfall ließ Hermann Göring die Weiterentwicklung der beiden bereits 1936 erprobungsreifen strategischen Langstreckenbomber einstellen und konzentrierte sich auf den Großserienbau mittlerer Bombenflugzeuge, wie der Typen Dornier Do 17 und Heinkel He 111, von denen bereits Versuchsmuster bzw. Vorserienmaschinen existierten.
Ein- oder zweimotorige Flugzeuge waren viel schneller und wirtschaftlich günstiger zu fertigen als viermotorige Fernbomber, die sich zudem noch als zu »materialintensiv« erwiesen. Hinzu kam der erhöhte Einsatz von Fachkräften bei der Fertigung der Flugzeuge und der Mehrbedarf an auszubildenden Piloten und Wartungspersonal.
Ausschlaggebend für die Durchsetzung der Blitzkriegsstrategie im deutschen Generalstab waren die Ereignisse im spanischen Bürgerkrieg, wo die deutsche Luftwaffe ihre neuentwickelten Sturzkampfflugzeuge und leichte Bomber im Kriegsgeschehen testen konnte. Dieser taktische Einsatz, die »Feuertaufe« wie der Reichspropagandaminister Dr. Josef Goebbels in seinen Tagebüchern diese Kampfhandlungen bezeichnete, überzeugte auch den letzten Zweifler von dieser Strategie. Mit dem Polenfeldzug ab 1. September 1939 erlebte die Welt eine Demonstration deutscher Blitzkriegsstrategie, die darauf ausgerichtet war, den militärischen Gegner durch taktisch gezielte und geballte Feuerschläge der Luftwaffe und den schnellen Vormarsch der Bodentruppen kurzfristig und mit aller Konsequenz zur Kapitulation zu zwingen. Mitentscheidend war neben der schnellen Erringung der Lufthoheit das enge Zusammenspiel zwischen der Luftwaffe und den Bodentruppen mit ihren Panzerverbänden.
Auch der Krieg gegen Dänemark und Norwegen ab 9. April 1940 gestaltete sich noch als ein Blitzkrieg, sowohl im Zusammenwirken der einzelnen Waffengattungen, als auch im zeitlichen Ablauf. Jedoch sind im Norwegenfeldzug bereits strategische Fehlentwicklungen zu erkennen, was sich im besonderen bei der Überbrückung großer Transportentfernungen bemerkbar machte. Bereits hier zeigten sich die ersten Probleme durch das Fehlen von Langstreckenbombern bzw. Bomben- und Jagdflugzeugen größerer Eindringtiefe. Das Anbringen zusätzlicher Außentanks zur dringend notwendigen Reichweitenerhöhung brachte eine Verringerung der Bombentraglast und damit verbunden auch eine Geschwindigkeitsreduzierung mit sich, was sich auch im taktischen Luftkampf bemerkbar machte.
Während des Westfeldzuges, der am 10. Mai 1940 mit dem Überfall auf die Niederlande begann, unterstützte eine Luftarmada die Bodentruppen in ihren Kampfhandlungen. Innerhalb von vier Tagen verloren die alliierten Verbände Frankreichs und Englands ihre Lufthoheit auf dem Kontinent. Die deutschen Verbände der Bodentruppen und der Luftwaffe demonstrierten ihre Kampfstärke im Blitzkriegsgeschehen.
Nach Unterzeichnung der Kapitulation Frankreichs am 22. Juni 1940 konzentrierten sich die Kampfhandlungen auf England. Hier war nun die Kriegsmarine, in erster Linie jedoch die deutsche Luftwaffe gefordert. Nach anfänglichen Erfolgen der deutschen Luftwaffe gestaltete sich der Luftkampf um England bald zu einem Fiasko. Nach und nach traten die Fehleinschätzungen der Experten und Militärplaner zutage, die generell auf Langstreckenbomber verzichtet hatten und eine Reihe von bereits fortgeschrittenen Flugzeugprojekten bzw. Erprobungen neuer Bomben- und Jagdflugzeuge mit erhöhter Reichweite über einen längeren Zeitraum blockiert hatten. Hinzu kamen die permanent vorgenommenen Veränderungen bzw. Korrekturen der aufgestellten Lieferprogramme durch das Reichsluftfahrtministerium, die aus taktischen oder wirtschaftlichen Erwägungen durchaus auch logisch vertretbar waren, jedoch von der materialtechnischen und organisatorischen Seite her gesehen immer zusätzliche Probleme aufwarfen. Die wichtigsten Materialien, und das waren im Flugzeugbau nun einmal die unterschiedlichsten Leichtmetalllegierungen, Stahlsorten und Kunststoffe wie Plexiglas, wurden durch das RLM bzw. Reichswirtschaftsministerium kontingentiert und nach Prinzipien der verschiedenen wehrpolitischen Dringlichkeitsstufen festgelegt.
Das war die Ausgangsposition, als die Junkers Flugzeug- und -Motorenwerke Dessau A.G. nach werksinternen Auswertungen mit verschiedenen Erprobungsträgern der JFM Ju 88-Baureihen in Dessau und Rechlin unter Beachtung unmittelbarer Fronterfahrungen dem Reichsluftfahrtministeri-

Brunolf Baade und Heinrich Hertel, die geistigen Väter der Ju 188 und Folgemuster, 1942.

um im Mai 1941 den Vorschlag für eine Typenveränderung unterbreiteten. Die Teams um den Chefkonstrukteur Ernst Zindel mit den Projektleitern Brunolf Baade, Bernhard Cruse und Karl-Ernst Schilling mussten im Verlauf der Jahre 1940/41 feststellen, dass zum einen die laufenden konstruktiv-fertigungstechnischen Veränderungen an der Typenreihe JFM Ju 88 teilweise sehr zeitintensive Formen annahmen und zum anderen relativ kurzfristig die Fernbomberprojektierung der Ju 90-Generation und deren Folgemuster vorangetrieben werden sollte. Daher mussten zwangsläufig zeitliche Verzögerungen bei der Neuentwicklung und der Erprobung der JFM Ju 288 auftreten, die mit dem RLM abzustimmen waren.

Zur Reduzierung dieser Zeitverluste und zur Absicherung der geforderten Bereitstellung neuer Bomber schlug Ernst Zindel dem Staatssekretär Generaloberst Erhard Milch vor, auf der Grundlage bereits vorliegender Veränderungsmöglichkeiten aus der JFM Ju 88 kurzfristig einen Zwischentyp zu entwickeln, der bereits verbesserte Kampfwerteigenschaften aufweisen sollte. Das RLM war von diesem Vorschlag nicht überzeugt und gab zu bedenken, dass eine solche Maßnahme eventuell die gerade im Junkerszweigwerk Bernburg anlaufende Ju 88-Großserienfertigung in ihren kontinuierlichen Montageablauf gefährden könnte und ggf. auch zusätzliche Projektierungskapazitäten binden würde. Doch dies war nicht der Fall, wie sich in der Folgezeit herausstellen sollte. Die verantwortlichen Projektleiter hatten mit ihren Teams den Änderungsdienst so disponibel organisiert, dass gleichzeitig mit dieser Arbeit auch umfangreiche konstruktiv-technologische Neuerungen bzw. Verbesserungen mit erfasst werden konnten, ohne dass dabei wesentliche Zeitverluste auftraten.

Zwischenzeitlich erkannte auch das RLM, dass die geplanten Einführungstermine zur Serienfertigung der JFM Ju 288 ab August 1941 nicht mehr zu halten waren, zumal der neuentwickelte Motor Jumo 213 noch nicht die vorgesehene Serienreife besaß. Nun drängte der von Göring unter Druck gesetzte Milch die Konzernleitung des JFM in Dessau auf eine Sofortlösung in Form der vorgeschlagenen Variante eines Zwischentyps aus der Ju 88 für die noch nicht einsatzbereite Ju 288. So entstand die JFM Ju 188, die aufgrund ihrer neuen konstruktivtechnischen Lösung und der daraus resultierenden günstigeren militärtaktischen Konfiguration die bisherige mittlere Bomberklasse der deutschen Luftwaffe im weiteren Kriegsverlauf qualitativ wesentlich verbessern sollte.
Nach dem erzwungenen Freitod von Ernst Udet am 17. November 1941, Göring hatte ihn für die Fehlplanungen in der deutschen Luftwaffe verantwortlich gemacht, übernahm Erhard Milch als der exakt funktionierende Organisator des RLM dessen Funktion als General-Luftzeugmeister. In dieser Tätigkeit ging er völlig auf und arbeitete sehr selbstän-

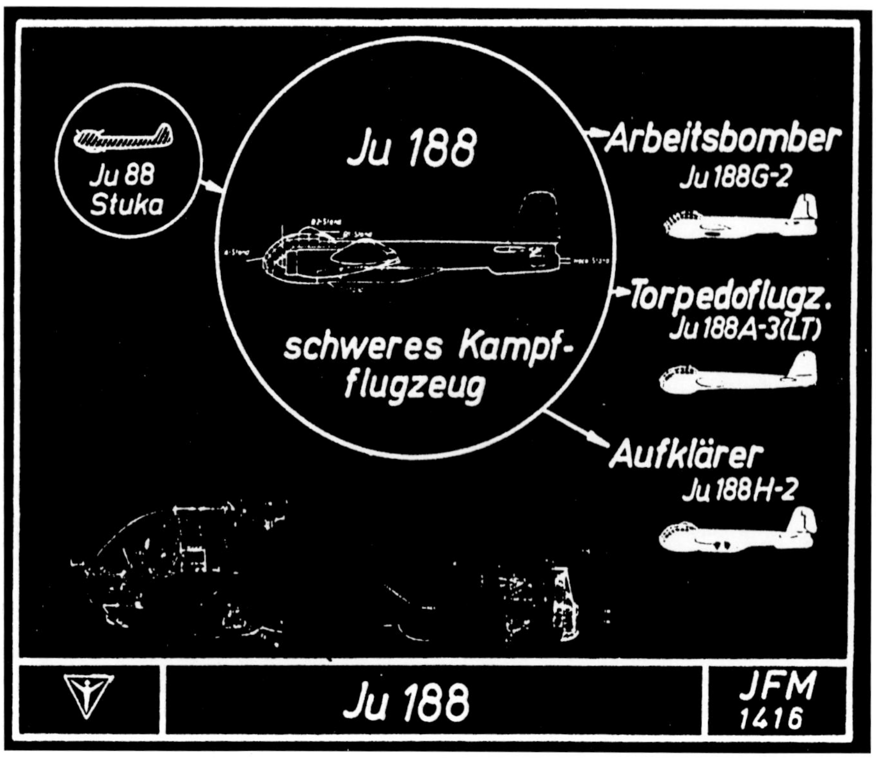

Einsatzgebiete der Ju 188.

Eine Ju 188 E-O als Kurier- und Stabsflugzeug des RLM, 1943.

dig. So ließ er Anfang Februar 1943 aus der gerade im JFM-Zweigwerk Bernburg anlaufenden Ju 188 E-0 Vorserienproduktion eine Maschine mit der Werk-Nr. 10008 entnehmen und als schnelles Kurier- und Stabsflugzeug für das RLM im JFM-Stammwerk in Dessau mit einer anspruchsvollen und komfortablen Inneneinrichtung ausstatten. Bezeichnend war auch die Wahl der Flugzeugkennung ST+GL und bedeutete: STabsflugzeug General-Luftzeugmeister.
Der Erstflug fand am 27. Februar 1943 in der Zeit zwischen 14.18 Uhr und 14.42 Uhr durch den Flugkapitän Hermann Steckhan statt.

Diese Ausführungen waren notwendig, um das zeitliche, wirtschaftliche, aber auch administrative Umfeld der deutschen Luftfahrtindustrie und hier im besonderen der Junkerswerke anhand der vorhandenen Quellenlage aufzuzeigen. Zugleich soll damit auch eine noch heute weit verbreitete These widerlegt werden, in der es heißt, die Ju 188 sei eine Privat-Entwicklung der JFM in Dessau gewesen. Im Gegenteil, es waren gerade die oben genannten fördernden bzw. auch zum Teil hemmenden Faktoren, die jene Voraussetzungen schufen, die letztendlich zur Entwicklung und Fertigung der JFM Ju 188 führten.

Vom Windkanalmodell zur Fließbandfertigung – Die Entwicklungsgeschichte der Ju 188

Ihren ersten Einsatz erhielt die Ju 88 während ihres Westfeldzuges ab Mai 1940. Insbesondere bei den Luftkämpfen um Dünkirchen und den Angriffen auf englische Hafenanlagen erhielt sie ihre Feuertaufe. Auch Schiffsziele im Kanal, der Nordsee und auf dem Atlantik wurden nach der Reichweitenerhöhung des Flugzeuges anvisiert. In einer relativ sehr kurzen Zeit entwickelte sich dieser Flugzeugtyp insbesondere durch seine Zuverlässigkeit, seine militärtaktischen und technischen Parameter sowie seine Variantenvielfalt je nach Einsatzgebiet, zu dem Standardflugzeug in der mittleren Bombenklasse.

Im Sommer 1940 lief die Großserienproduktion der Ju 88 A-4 in einem eigens dafür in Bernburg neu entstandenen Montagewerk an. Es lag nur 42 km vom Dessauer Stammwerk entfernt, und auch die Flugzeugmotorenwerke in Köthen und Magdeburg befanden sich in der Nähe. Werkseigene Flugwerften und ein eigener Wartungsservice auf den wichtigsten Feldflugplätzen im Frontverlauf sicherten eine hohe Einsatzbereitschaft der Maschinen. Hinzu kam die solide und auf Standardisierung ausgelegte Konstruktion, die einen schnellen Austausch von Bauteilen oder -Gruppen ermöglichte. Alle Reparaturen und auch die Wartungsarbeiten an den Maschinen wurden erfasst und im besonderen die Beschädigungen durch Kampfeinsatz oder Unfall werksintern ausgewertet.

Was in der bisherigen Ju 88-Geschichte jedoch nicht bekannt war, ist die werkstoffseitige Untersuchung stark beschädigter Bauteile durch den Fronteinsatz in den Forschungslabors der JFM in Dessau. Dabei handelte es sich nicht nur um eingeschickte Materialproben, sondern auch um Baugruppen und ganze Rumpfteile bzw. Motoren. Im Ergebnis dieser Festigkeitsuntersuchungen gelang es den Junkersteams, die Ju 88 ständig weiter konstruktiv und auch materialseitig zu verbessern. Eine Reihe von konstruktiven Neuerungen am Flugzeug und im technologischen Bereich des Vorrichtungsbaus sowie aerodynamische Forschungsergebnisse konnten auch im wirtschaftlichen Interesse patentrechtlich geschützt werden. Dies war einer der wesentlichen und fördernden Faktoren, die in ihrer ständigen Summierung der Neuerungen ein qualitativ verbessertes Flugzeug und somit die Ju 188 mit ihren Nachfolgemodellen entstehen ließen.

Wohl kaum ein Flugzeugtyp des Zweiten Weltkrieges ist so intensiv und systematisch im Windkanal getestet worden wie die Ju 88 und ihre Folgemuster. Erstaunlich hoch liegt auch im Vergleich zu ähnlich gelagerten Flugzeugentwicklungen im Dritten Reich oder der Alliierten die Anzahl der Versuchsmaschinen. Mit über 130 gefertigten Prototypen bzw. Versuchsmaschinen, die Attrappenbauten und Sonderbaugruppen noch nicht einmal mitgerechnet, bezog die Ju 88 mit ihren Folgemustern auf dem Gebiet der militärorientierten Flugzeugforschung eine absolute Spitzenposition. Was der Diplomingenieur Philipp von Doepp mit seinem Team im Windkanal des Stammwerkes in Dessau leistete, war nicht nur Grundlagenforschung schlechthin, sondern stets eine praxisnahe Zweckforschung mit dem Ziel, das Flugzeug als Waffenträger aerodynamisch und leistungsmäßig ständig weiter zu vervollkommnen.

Verfolgt man den Entwicklungsverlauf der Ju 188 einmal unter dem Gesichtspunkt der Aerodynamik, so sind zwei Werdegänge zu erkennen. Zum einen waren es die maßstabsgerechten, aus kaukasischem Nussbaumholz im Verhältnis 1:25 gefertigten Windkanalmodelle, die, mit unzähligen Flaum- und Wollfädchen bestückt, im Windkanal untersucht wurden. Auch die Frage, welche aerodynamisch günstigste Form für die einzelnen Waffenstände letztendlich den Ausschlag gab, konnte so gründlich getestet und einer optimalen Lösung zugeführt werden. Gleiches galt für die aerodynamisch angepasste Formgebung des BMW 801- und Jumo 213-Flugmotors. Während beim Jumo 213 der gesamte Motorblock einer aerodynamischen Untersuchung unterlag, erfolgten bei dem BMW 801 versuchsweise der Anbau einer Motorenverkleidung und die Erprobung außenliegender Ansaugschächte.
Einen anderen Weg beschritt ein Team um Diplomingenieur Manfred Strauß, der unter der Ägide von Philipp von Doepp als »Volljude« bis zur Besetzung der Junkerswerke durch die amerikanischen Truppen am 21. April 1945 im Windkanal arbeitete. Nur aufgrund seiner hohen Fachkenntnisse entgingen er und weitere Spezialisten jüdischer Abstimmung, mit ihren Familien zirka fünfzig Personen, dem Holocaust.
Eines der Hauptaufgaben des Strauß-Teams war es, durch aerodynamische Versuchsreihen Veränderungen der Tragwerksflächen sowie des Höhen- und Seitenleitwerkes vorzunehmen, um letztendlich die Kampfwerteigenschaften der Flugzeuge, im besonderen die der Ju 188 und auch der Folgemuster, zu erhöhen. Frau Dr. Eleonore Spieler-Witte, zwischen 1941 und 1945 im Arbeitsstab von Strauß tätig und ab 1942 auch als Versuchspilot »Louis Witte« dem Flugkapitän Friedrich Karl Maringer unterstellt, berichtete dem Verfasser im August 1994 über diese Arbeit: »Auf einem Arbeitspult, das aus einer großen Glasscheibe bestand und in quadratische Rasterfelder eingeteilt war, wurden zu jeder Versuchsanordnung mehrere Bögen Transparentpapiere gespannt. Auf diesen Blättern erfolgte die exakte Messprotokollierung. Das Arbeitspult befand sich unmittelbar neben dem im Luftstrom eingebauten schwenkbaren Modell. Dadurch konnte die Versuchsanordnung ständig beobachtet und notfalls auch sofort abgebrochen werden. Zur besseren Konzentration auf die Versuche erfolgte nur eine partielle Ausleuchtung des Modells mittels eines Lichtkegels. So war das Verhalten der Wollfäden bei einem eventuellen Abriss der tragenden Strömung günstiger zu erkennen. Als Ergebnis lagen dann lauter einzelne Punkte vor, die in ihrer Summierung eine Kurve der tragenden Strömung ergaben.
Damit gelang es Philipp von Doepp und Manfred Strauß alle positiven als auch negativen Kräfte am Modell zu untersuchen. Neben den normal aerodynamisch günstigen Fluglagen konnten im besonderen die extrem schwierigen Passagen eines Luftkampfes simuliert werden, die im Ernstfall sogar für den erfahrenen Piloten durchaus eine tödliche Gefahr darstellen konnten. In der Werkserprobung und in den Erprobungsstellen des RLM wertete man diese Windkanalversuche regelmäßig aus. Trotzdem bedauerte Philipp von Doepp immer wieder, dass einige Versuchspiloten sich für diese wertvollen Untersuchungen nicht interessierten.«
Diese Windkanalversuche ermöglichten es auch den Entwicklungsgruppen der Konstruktion und Werkstofffor-

Rumpf-Attrappe vom Spant 23 bis 33 für konstruktiv-mechanische Versuche.

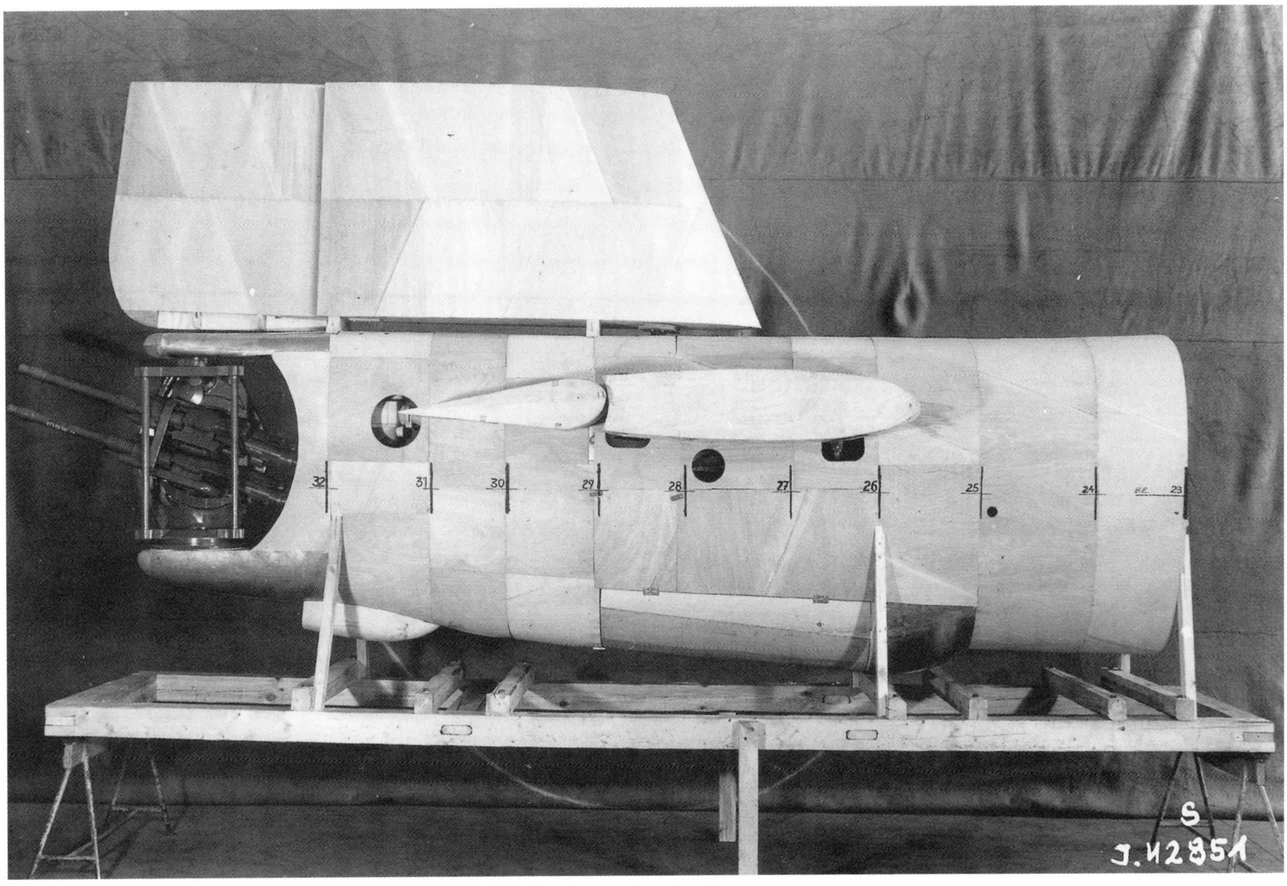

Verkleidete Rumpf-Attrappe in Vorbereitung von Windkanalversuchen.

schung, unter Berücksichtigung der ausgewerteten Prüfprotokolle von durch Fronteinwirkung beschädigten Maschinen die Konstruktion im Sinne der Bausicherheit zu erhöhen und auch eine Verminderung des Gewichts vorzunehmen. Die Zusammenarbeit der einzelnen Arbeitsgruppen – Windkanal, Materialprüfung, Statik, Konstruktion, Versuchsbau und Flugerprobung – funktionierte wie ein Uhrwerk, so dass auftretende Verzögerungen in der Mehrzahl nicht interner, sondern peripherer Natur waren.
Auf dem Gebiet der Entwicklung von Flugmotoren und klimatisierten Druckkabinen für große Höhen haben im besonderen die JFM in Dessau großen Anteil. Wichtige Grundlagen legten dabei die sogenannten »Stratosphärenflüge«, die im wesentlichen mit der Ju 49 und Ju 86 P in den dreißiger Jahren erzielt wurden. Dank dieser Forschungen, die noch unter der Anleitung von Professor Hugo Junkers ab 1929 systematisch begannen, konnte in deren Ergebnis der Diplomingenieur Justus Muttray ab 1940 die sphärische und nahezu aerodynamisch ideal geformte klimatisierte Höhendruckkabine der Ju 188 in ihrem konstruktiven Aufbau entwickeln. In Verbindung mit einem leistungsstärkeren Motor und einem neuartigen Turbolader war man imstande zeitweise Gipfelhöhen von 12000 m zu erreichen. Daher schien die Ju 188 und auch die spätere Ju 388 für die Fernaufklärung geradezu prädisponiert zu sein.
Nach Aussage des Junkers-Versuchspiloten Rupprecht Wendel, der im Auftrag der JFM auch speziell die Ju 188 Versuchsmaschinen in der Praxis flugtechnisch erprobte, fand der tatsächliche Erstflug der Ju 188 V1, Werk-Nr. 10020, am 12. Juni 1943 im Stammwerk in Dessau statt. Dazu wurde eine Maschine aus der Serienfertigung des Bernburger Zweigwerkes entnommen und in Dessau umgebaut. In der bisherigen, spärlichen Fachliteratur gibt es über die ersten Versuchsmaschinen, die der Ju 188-Entwicklung zugeschrieben werden, und daraus abgeleitet natürlich auch über die dazugehörigen Flugdaten eine Reihe scheinbarer Widersprüche, die sich jedoch bei einer etwas näheren Betrachtung zumeist als ein vom jeweiligen Autor gewählter Interpretationsstandpunkt herausstellen. Die mehrfach umgebauten Ju 88 V22 und Ju 88 V27 stellen noch nicht die Prototypen der Ju 188 dar. Jedoch wurden mit diesen Maschinen Baugruppen erprobt, die in der späteren Ju 188 zu finden sind. Charakteristische Grundstrukturen der Ju 188 sind dagegen bereits an der Ju 88 V 43 und V44 erkennbar. Auch die Versuchsflugzeuge Ju 88 V61 bis zur Ju 88 V63 besitzen mehr oder weniger wesentliche konstruktiv-gestalterischen Bauelemente, die in ihrer Komplexität die Ju 188 repräsentieren. Die Ju 188 hat als ein eigenständiger Flugzeugtyp mehrere Versuchsmuster der JFM Ju 88-Baureihen als Ausgangsbasis ihrer Entwicklung. In der quantitativen Gesamtheit ihrer Konfiguration ist es die Summe eines qualitativen Prozesses, der in einem dialektischen Wechselspiel zwischen theoretischer und praktischer Erkenntnis in den Jahren 1940 bis 1942 entstanden ist, wie es der Typenstammbaum der Ju 188 dokumentiert.

Neben den Windkanaluntersuchungen und den »fliegenden Prüfständen« zur praktischen Erprobung der Versuchsmuster gab es in den JFM auch den Bereich der Werkstoffforschung, der nicht nur laborseitig betrieben wurde. Auf dem Gelände der Sachsenbergwerft in Dessau-Roßlau, existierte eine kleine Abteilung, die unmittelbar an der Elbe gelegen trotz ihrer Abgeschiedenheit wichtige Untersuchungen vornahm. Dort erfolgten die werksinternen Testreihen auf konstruktiv-tech-

Die JFM Ju 88 V44 mit der Kennung NF+KU verkörpert in ihrer konstruktivgestalterischen Konfiguration bereits wesentliche Merkmale der Ju 188.

nischem und materialseitig-statischem Gebiet der Zellenerprobung bei einer eventuellen Notwasserung des Flugzeuges. Mittels verschiedener Vorrichtungen konnten eine Reihe von denkbaren Belastungsmöglichkeiten auf die Zelle sowie auf die Tragflächen und das Leitwerk während einer »Havarie auf hoher See« unter Extrembedingungen nachvollzogen werden. Mit dieser Abteilung ist wahrscheinlich die in einer 1973 in Stuttgart erschienenen Publikation erwähnte »Junkers Erprobungsstelle in Trebbichau an der Elbe« gemeint. Jedoch liegt das genannte Trebbichau bei Köthen nicht an der Elbe und Spuren der Luftfahrtgeschichte sind dort nicht zu finden, wohl aber alte, bereits seit Jahrzehnten abgesenkte Braunkohlenbergwerke und Überreste der landwirtschaftlich bedingten Zuckerrübenverarbeitung.

Unter der Bezeichnung »Abteilung 700« entstand im Sommer 1943 auf dem Fliegerhorst Brandis nordöstlich von Leipzig eine Junkerswerft. Deren Aufgabe war es, die Flugzeug-Prototypen von Neuentwicklungen etwas abgeschirmt von der Öffentlichkeit und der Hektik der laufenden Kriegsproduktion zu erproben. Diese werksinterne Auslagerungsstätte entsprach auch der Notwendigkeit, kriegswichtiges Knowhow im Zuge der sich ab 1943 ausweitenden alliierten Luftangriffe auf den mitteldeutschen Raum mit angemessenen Sicherheitsmaßnahmen zu schützen. Mit einem Arbeitsstamm von cirka 70 Personen, der schrittweise durch jeweilige Fachkräfte bzw. Spezialisten ergänzt wurde, entstand ein Team, dass die interne Werkserprobung in Dessau wesentlich entlasten sollte. So absolvierten, nach einem Gespräch mit dem Junkers-Versuchspiloten Rupprecht Wendel und dem Verfasser im Mai 1995 während einer Begehung auf dem historischen Gelände, auch einige Ju 188-Prototypen in Brandis ihre Erprobungsflüge, bevor sie nach Rechlin zum weiteren Test überführt wurden.
Natürlich gab es bei diesen Versuchsflügen auch Havarien und Bruchlandungen. Das lag in der sprichwörtlichen Natur dieser Flugerprobung, denn im späteren Einsatz sollte nach Möglichkeit jedwede Unfallursache im flugtechnischen Sinne vermieden werden. Trotzdem kam es während eines Erprobungsfluges mit der Ju 188 E-1, Werk-Nr. 260308, Erstflug am 27. Oktober 1943, am 17. September 1944 zu einem Absturz infolge eines Bedienungsfehlers. Die drei Unteroffiziere der Technischen Kompanie der E-Stelle Rechlin, Friedrich Dietz als Flugzeugführer, Richard Ecker als Bordfunker und Kurt Günther als Bordmechaniker fanden dabei den Fliegertod.
Bis kurz vor dem Einmarsch sowjetischer Truppen in Mecklenburg/Vorpommern im März bzw. April 1945 arbeiteten Piloten und Techniker der verschiedenen Fachbereiche im Auftrag des RLM in Rechlin an Erprobungsträgern der Luftwaffe. Noch im März 1945 führten die »fliegenden Prüfstände« mit Erfolg Triebwerkserprobungen mit dem Jumo 213 E (1500 kW/2050 PS) an einer Ju 188 und dem DB 603 EB (1655 kW/2250 PS) an der Ju 88 durch. Durch Erhöhung der Drehzahlen, der Ladedrücke bis zu 1,96 bar (2,0 ata) mittels Turbolader und einer Methanol-Wasser- bzw. GM 1-Einspritzung gelang es den Motorenspezialisten, noch erhebliche Leistungssteigerungen zu erreichen. So merkwürdig es auch klingen mag, aber kurz vor dem Ende des 3. Reiches nahm Deutschland im Vergleich zu den Alliierten auf dem Gebiet der Entwicklung leistungsfähiger Kolbenflugmotore eine unbestrittene Spitzenposition ein. Jedoch konnte dies den Kriegsverlauf in keiner Weise mehr beeinflussen.

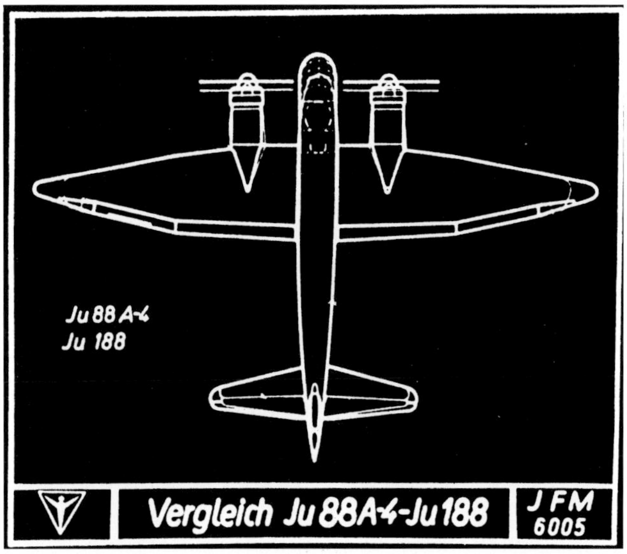

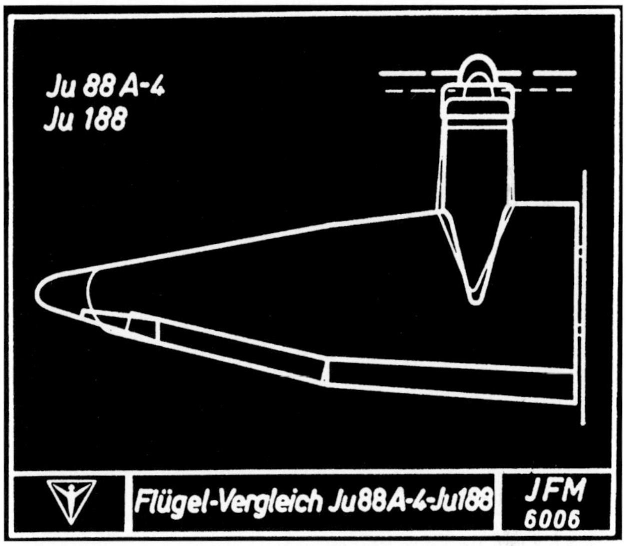

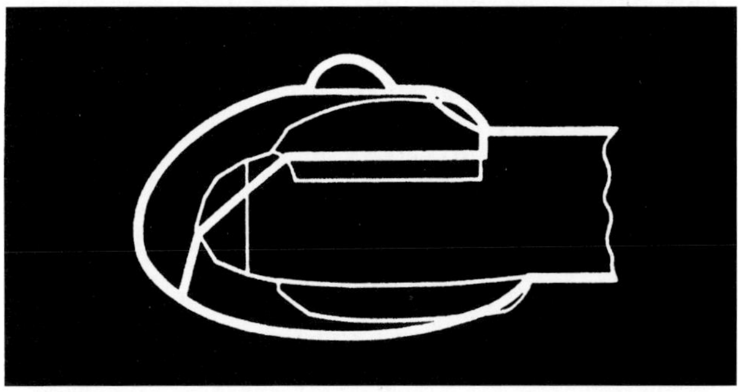

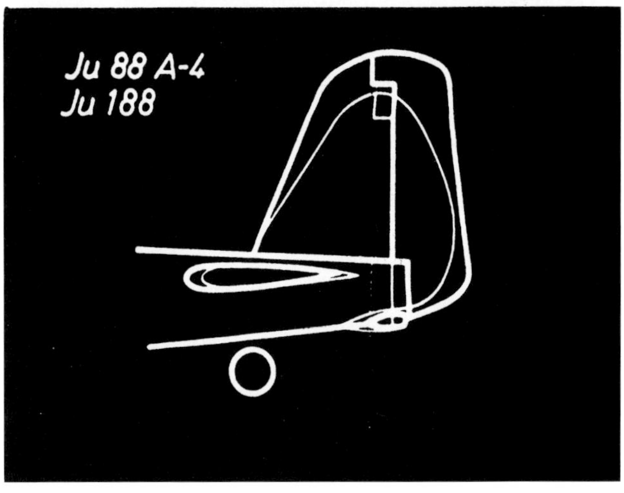

Vergleich Ju 88 A-4 zur Ju 188.

Erkenntnis beruht auf Erfahrung und Wissen – Zur Konstruktion der Ju 188

Die JFM Ju 188 ist ein Flugzeugtyp, der aus den Flugzeugmustern der Ju 88 A-4 und Ju 88 B ab 1941 mit der Zielstellung entwickelt wurde, eine optimierte Zwischenlösung für die noch nicht einsatzbereite Neuentwicklung JFM Ju 288 zu schaffen. Eine optimierte Zwischenlösung bedeutete in diesem konkreten Fall: unter Beibehaltung der vorhandenen Grundkonstruktion und Nutzung wesentlicher Baugruppen gelang es mehreren Arbeitsgruppen in dem JFM Stammbetrieb in Dessau, nach einer analytisch aufgebauten Logistik einen Flugzeugtyp so zu verändern, das sich dessen Kampfwerteigenschaften um ein vielfaches erhöhten.
Unter Beachtung militärtaktischer Erfahrungen bzw. Erkenntnisse aus dem unmittelbaren Fronteinsatz und Berücksichtigung der materialtechnischen Basis während des weiteren Kriegsverlaufes entstand eine Kampfmaschine, die als schneller Horizontal-, Gleit- und Bahnneigungsbomber zum Einsatz kam. In modifizierter Form erfüllte die Ju 188 auch Spezialaufgaben als Fernaufklärer und Torpedoträger.
In der Rumpfwerkkonstruktion der Ju 188, die eine konstruktiv-technologisch modifizierte Weiterentwicklung des Ju 88-Grundkörpers darstellt, ist die bewährte in den JFM-Werken Dessau 1935/36 entwickelte Glattblech-Schalenbauweise beibehalten worden.
Eine detaillierte Beschreibung dieser Bauweise ist bereits von mir in dieser Schriftenreihe des Verlages Bernard & Graefe in Bonn erschienen Veröffentlichung über die Junkers Ju 88 dargestellt, so dass hier nur konstruktiv-technische Angaben und grundsätzliche Neuerungen behandelt werden, die für den Modellbauer von relevantem Interesse sind.
Das Rumpfwerk der Ju 188 besteht aus einer trapezförmigen, vierholmigen Blechkonstruktion mit senkrecht zur Längsachse angeordneten Spanten und unterteilt sich in das Rumpf-Vorderteil, -Mittelstück und -Ende. Alle Rumpfwerkteile sind aus einer Duraluminiumlegierung im wesentlichen als Tiefziehteile gefertigt und in Baugruppen im Großtaktverfahren, teils durch Punktwiderstandsschweißung bei statisch nicht tragenden Teilen, fest miteinander durch Nietung verbunden. Jedes Rumpfwerkteil besitzt einen eigenen statischen Kräfteverlauf, der in der Endmontage durch die Addition der Bauteile eine in sich geschlossenen konstruktive Einheit, die Flugzeugzelle darstellt.
Der **Rumpf-Vorderteil** mit Bodenwanne und einer abnehmbaren Pilotenkanzel enthält den Arbeitsraum für die vierköpfige Besatzung. Die Verglasung der sphärischen Kanzel und des Führerraumdaches besteht aus einem mehrschichtigen Spezialsicherheitsglas. Durch den herunterklappbaren Teil der Bodenwanne, bei der Ju 88 die Bola, gelangt die Besatzung in den Führerraum. Der hintere Teil des Führeraumdaches sowie der herunterklappbare Teil der Bodenwanne sind teilweise gepanzert. Zusätzlich kann der Führerraum von vorn und stellenweise seitlich durch Panzerung geschützt werden. Gegenüber der Ju 88 ist die Besatzung der Ju 188 somit besser gegen Feindbeschuß geschützt.
Das **Rumpf-Mittelstück** beginnt am Vollspant 9 und endet am Vollspant 15. Aus statischen Gründen, aber auch als Sicherheitsvorkehrung gegen eventuelle Feindeinwirkung oder Notsituationen teilt der Vollspant 12 den Bombenraum in einen vorderen und hinteren Bereich ein. Je nach Rüstzustand können beide Bombenräume auch als Rumpfbehälter genutzt werden. Entsprechend ihrer Funktion sind diese Räume von unten durch Klappen zugänglich.
Durch eine im Vollspant 15 befindliche Tür ist vom hinteren Bombenraum das **Rumpfende** zu erreichen, wo die Batterien und Sammler sowie die Bordfunk- und Sicherheitsgeräte eingebaut sind. Über einen Laufsteg kann die Besatzung alle Rumpfsegmente begehen.
Die **Tragflächen und das Seitenleitwerk** mit der jeweiligen Steueranlage sind in ihrer konstruktiven Gliederung ebenfalls mit der Ju 88 identisch, jedoch im Flächeninhalt und der Formprofilierung verändert. Anhand von Materialien der Junkers-Lehrmittelabteilung werden diese Unterschiede im Bildvergleich gegenübergestellt und sind daher in ihrer jeweiligen Konfiguration gut ersichtlich. Querruder und Landeklappen sind nach dem Junkers-Düsenspaltprinzip ausgeführt.
Das **Steuerwerk** mit Höhen- und Quersteuerung besteht aus einer auf die Rumpfmitte angeordnete schwenkbare Steuersäule mit Schwenkarm für das Steuerhorn. Durch ein verstellbares Fußhebelpaar erfolgt die Seitensteuerung. Zusätzliche Hilfsruder ergänzen das Steuerwerk in seiner Seiten-, Quer- und Höhenlage.
An den Tragflügel-Unterseiten befinden sich zur Verringerung der Sturzflugeschwindigkeiten Sturzflugbremsen, die hydraulisch aus- und eingefahren werden können. Das Abfangen der Maschine aus dem Sturzflug erfolgt durch eine automatisch arbeitende Rücktrimm-Vorrichtung. Auf den Einbau von Sturzflugbremsen wurde später verzichtet.
Die Patin-Kurssteuerung PKS 11 ist die frühe Form des heutigen Autopiloten und greift über eine Rudermaschine in die Seitensteuerung ein. Auch bei Ausfall eines Flugmotores kann mit dieser Steuerung geflogen werden.
In seiner Gesamtheit und komplexen Vernetzung repräsentiert das Steuerwerk in Verbindung mit der Triebwerksanlage einen wesentlichen Schritt auf dem Gebiet der Flugautomatisierung.
Als **Triebwerk** dienen zwei BMW 801 G-2 luftgekühlte Doppelstern-Einspritzmotoren mit Zweigang-Schaltlader, Untersetzungsgetriebe, Arm-Reichschaltung und Lüfter für Motorkühlung mit Einbautragring und Motorenverkleidung als vollständige Triebwerksanlage 9-8801 C-2.
Das Untersetzungsgetriebe für die Luftschraube arbeitet im Verhältnis 13 : 24. Es ist eine dreiflüglige VDM Verstell-Luftschraube aus Dural mit 3,7 m Durchmesser, einer 8 v.H. Blattbreite und ungeteilter Nabe.
Die Abflugleistung beträgt 2 x 1740 PS = 3480 PS in Bodennähe.
Höchstzulässige Drehzahl: n = 2700 U/min.

Das **Fahrwerk** ist geteilt und unmittelbar hinter den beiden Triebwerken in der verlängerten Motorgondel (Fahrwerksverkleidung) angebracht. Mittels einer Druckölhydraulik-Anlage werden die mitteldruckbereiften Laufräder ein- bzw. ausgefahren. Beide Laufräder sind einzeln bremsbar. Am Rumpfende befindet sich ein allseitig drehbarer Radsporn.

Eine erst kürzlich im Nachlass des Diplomingenieurs und Flugkapitäns Karl Werner Krüger aufgefundene Baubeschreibung der Ju 188 G-2, die er in seiner Funktion als Lei-

0 06 — Allgemeine Angaben — Übersichtstafeln — Ju 188 E-1 Flugz.-Handb.

B. Übersichtstafeln

1. Schattenriß Ju 188 E-1

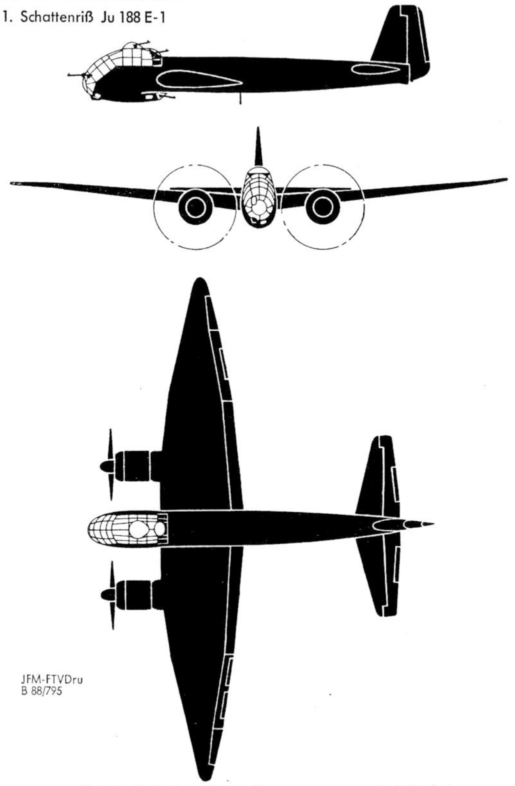

JFM-FTVDru
B 88/795

Abb. 1 Schattenriß des Flugzeugmusters Ju 188 E-1

Schattenriss der Ju 188 E-1.

Ju 188 E-1 Flugz.-Handb. — Allgemeine Angaben — Übersichtstafeln — 0 07

2. Übersicht, Hauptmaße und Gewichte

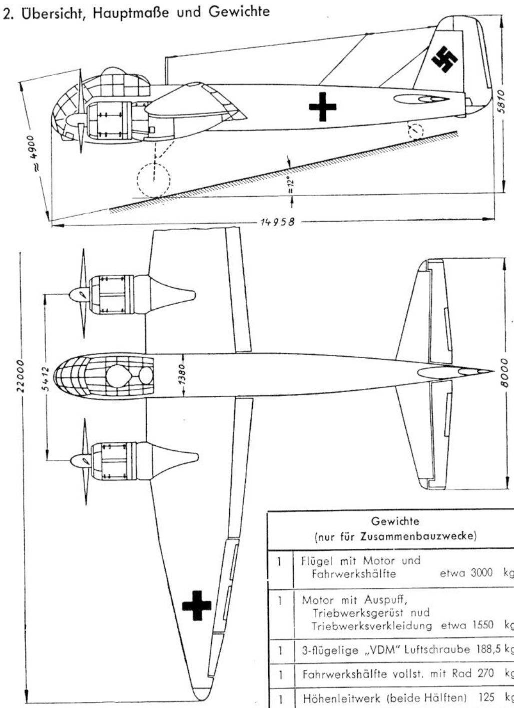

Gewichte (nur für Zusammenbauzwecke)		
1	Flügel mit Motor und Fahrwerkshälfte	etwa 3000 kg
1	Motor mit Auspuff, Triebwerksgerüst nud Triebwerksverkleidung	etwa 1550 kg
1	3-flügelige „VDM" Luftschraube	188,5 kg
1	Fahrwerkshälfte vollst. mit Rad	270 kg
1	Höhenleitwerk (beide Hälften)	125 kg
1	Seitenleitwerk	58 kg
1	Radsporn	50 kg
1	Rumpf je nach Rüstzustand	2100–2400 kg

JFM-FTVDru
B 88/796

Übersicht, Hauptmasse und Gewichte der Ju 188 E-1.

0 08 — Allgemeine Angaben — Übersichtstafeln — Ju 188 E-1 Flugz.-Handb.

3a. Bauteilebezeichnung und Zerlegbarkeit (Bild)

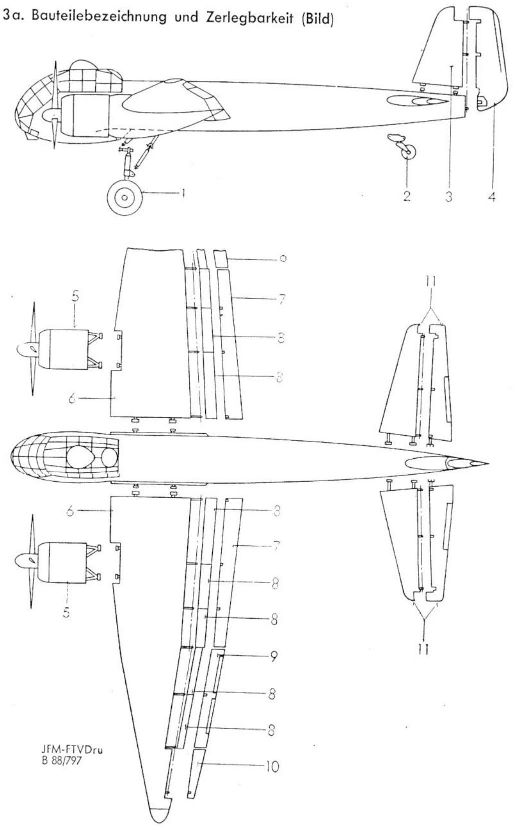

JFM-FTVDru
B 88/797

Bauteilebezeichnung und Zerlegbarkeit der Ju 188 E-1.

Ju 188 E-1 Flugz.-Handb. — Allgemeine Angaben — Übersichtstafeln — 0 09

b. Bauteilebezeichnung und Zerlegbarkeit (Zusammenstellung)

Nr.	Benennung	Anschluß an	Anschluß durch
1	Flugzeugbein mit Rahmen und Laufrad	Tragflügel	4 Zweikantbolzen
2	Spornrad mit Federbeinhebel und Radgabel	Rumpfende	3 Zweikantbolzen
3	Seitenflosse	Rumpfende	4 Kugelverschraubungen
		Seitenflosse und	2 Lagerbolzen mit Kronenmuttern an der Seitenflosse
4	Seitenruder	Rumpfende	1 Lagerbolzen mit Kronenmutter am Rumpfende
5	Triebwerksanlage	Tragflügel	4 Kugelverschraubungen
6	Tragflügel	Rumpfwerk	4 Kugelverschraubungen
7	Landeklappe	Tragflügel	3 Sechskantschrauben 1 Mutter M 8
8	Flügelendkasten	Tragflügel	(Nach Abbau der Landeklappen und Queruder) 5 Endkästen mit 1 x 10 u. 4 x 8 Sonderschrauben mit selbstsichernden Muttern
9	Querruder, innen	Tragflügel	1 Sechskantschraube 2 Muttern M 8
10	Querruder, außen	Tragflügel	1 Sechskantschraube 1 Mutter M 8
11	Höhenflosse mit Ruder	Rumpfende	4 Lagerbolzen (Wippe und Rumpfende) 8 Zweikantbolzen (Träger I und II) Leitung für Flossenenteisung, Trimmruderwellen 8 Sechskantschrauben (Ruder-Verbindungswelle) 4 Sechskantschrauben M 6 (Tr I und II)

Die Spaltverkleidungen um Rumpf/Tragflügel, Seitenflosse und Höhenflosse sind mit Flachrundschrauben, die Verkleidungsbleche von Tragflügel mit Senkschrauben befestigt. Stoßstangen, Seilzüge, elektrische und Drucköl-Leitungen sind vor dem Abbau an den vorgesehenen Stellen zu trennen.

Zusammenstellung der Bauteilebezeichnung.

Ju 188 E-1
Flugz.-Handb.

Allgemeine Angaben
Übersichtstafeln

0 13

noch b. Übersicht der Deckel und Klappen (Zusammenstellung)
(siehe auch Seite 0 12 und 0 14)

Nr.	Lage	Zweck	Befestigung
30	Rumpf-Oberschale	Wartung des Seilzuges für Schlauchboot	Senkschrauben
31	Rumpf-Unterschale	Wartung der Druckölleitungen am Spant 9	Senkschrauben
32	Rumpf-Unterschale	Drucköl-Füllanschluß	Schnellverschluß
33	Rumpf-Oberschale	Wartung des Kraftstoff-Schnellablasses	Senkschrauben
34	Rumpf-Oberschale	Kraftstoff-Füllanschluß für Rumpfbehälter (2. Behälterraum)	Senkschrauben
35	Rumpf-Unterschale	Bomben- oder Rumpfbehälterklappen	Gelenk oder Senkschrauben
36	Rumpfende unten	Radspornklappen	Gelenk
37	Höhenflosse-Unterseite	Wartung d. Höhenrudergestänges	Senkschrauben
38	Höhenflosse-Unterseite	Wartung von Abfangvorrichtung und Höhenrudergestänge	Schnellverschluß
39	Höhenflosse-Unterseite	Wartung von Abfangvorrichtung und Höhenrudergestänge	Schnellverschluß
40	Höhenflosse-Unterseite	Wartung der Höhenflosse	Senkschrauben
41	Höhenflosse-Endkappe	Wartung der Höhenflosse	Senkschrauben
42	Höhenruder-Endkappe	Wartung des Höhenruders	Senkschrauben
43	Tragflügel-Oberseite	Wartung von Umfüllpumpe und Vorratsmessung	Senkschrauben
44	Tragflügel-Oberseite	Kraftstoff-Füllanschluß	Senkschrauben und Schnellverschluß
45	Abflußhaube oben	Schmierstoff-Auffüllung	Schnellverschluß
46	Tragflügel-Oberseite	Schmierstoff-Füllanschluß und Vorratsmessung	Senkschrauben
47	Tragflügel-Oberseite	Wartung von Umfüllpumpe und Vorratsmessung	Senkschrauben
48	Tragflügel-Oberseite	Wartung des Arbeitszylinders (Sturzflugbremse)	Senkschrauben
49	Tragflügel-Oberseite	Kraftstoff-Füllanschluß	Senkschrauben
50	Tragflügel-Oberseite	Tf. links Wartung des Schmierstoffvorratsmessers Tf. rechts Füllanschluß für Enteisungsbehälter	Schnellverschluß
51	Tragflügel-Oberseite nur im linken Tragflügel	Schmierstoff-Füllanschluß für Zusatzbehälter	Schnellverschluß
52	Tragflügel-Endkappe	Lösen der Endkappe	Senkschrauben
53	Flügelnase links (nur im linken Tragflügel)	Scheinwerferwartung	Gelenk und Senkschrauben
54	Abflußhaube oben	Steckerleitung für Fahrwerk-Endschalter	Schnellverschluß
55	Abflußhaube unten rechts	ermöglicht schnelles Lösen der Stoßstange	Schnellverschluß
56	Tragflügel-Unterseite	Wartung des Übersetzungsteiles	Senkschrauben und Schnellverschluß

0 12

Allgemeine Angaben
Übersichtstafeln

Ju 188 E-1
Flugz.-Handb.

b. Übersicht der Deckel und Klappen (Zusammenstellung)
(siehe auch Seite 0 13 und 0 14)

Nr.	Lage	Zweck	Befestigung
1	Rumpfseite rechts	Wartung der elektr. Kabel	Schnellverschluß
2	Rumpfseite rechts	Wartung der elektr. Kabel und Bediengestänge	Senkschrauben
3	Seitenflosse links	Wartung der Seitenflosse	Senkschrauben
4	Seitenflosse oben	Wartung der Antenne	Senkschrauben
5	Seitenruder rechts und links	Wartung des Trimmrudergestänges und der Federsteuerung	Schnellverschluß
6	Seitenruder unten	Wartung von Seitenruderantrieb	Senkschrauben
7	Rumpfende links und rechts	Wartung von Steuerseilen und Trimmruder-Getriebe	Schnellverschluß
8	Rumpfende links und rechts	Radspornbetätigung	Schnellverschluß
9	Rumpfende	Sammler-Einbau	Schnellverschluß
10	Rumpfseite links	Sanitätspack	Senkschrauben
11	Rumpfseite rechts	Sauerstoff-Außenbordfüllanschluß	Schnellverschluß
12	Rumpfseite rechts	Deckel für Seilrolle zum Heißen der Bomben	Schnellverschluß
13	Bodenwanne (C-Stand)	abwerfbarer Teil	Haltehaken
14	Einstiegklappe	abwerfbarer Teil	Rastbolzen und Gelenkbolzen
15	Rumpfseite links	Wartung der Bediengestänge der Bedienseile und der Druckölleitungen	Senkschrauben
16	Rumpfseite links	Wartung des Bedientisches, vorn	Schnellverschluß
17	Rumpfseite links	Wartung der Seitenruderfußhebel (Abnehmen der Verkleidung)	Schnellverschluß
18	Führerraumdach vorn	Ausstiegklappe	Hebelverschluß
19	Rumpf-Unterschale	elektr. Außenbordanschluß	Gelenk
20	Rumpf-Oberschale	Deckel für Gurtkasten C-Stand	Schnellverschluß
21	Rumpf-Seitenwand links und rechts	Belüftungshutzen für vorderen Bombenraum	Gelenk
22	Rumpf-Oberschale	Aufhängung der Rumpfbehälter	Senkschrauben
23	Rumpf-Oberschale	Kraftstoff-Füllanschluß Rumpfbehälter (1. Behälterraum)	Senkschrauben
24	Rumpf-Oberschale	Wartung der elektr. Vorratsmessung (1. Behälterraum)	Senkschrauben
25	Rumpf-Oberschale	Wartung der elektr. Vorratsmessung (2. Behälterraum)	Senkschrauben
26	Rumpf-Oberschale	Wartung des Kraftstoff-Schnellablasses	Senkschrauben
27	Rumpf-Oberschale	Peilrahmenlagerung	Senkschrauben
28	Rumpf-Oberschale	Wartung des Seilzuges für Schlauchboot	Senkschrauben
29	Rumpf-Oberschale	Bootsklappe	Riegel-, Bolzen- und Hakenverschluß

Übersicht der Deckel- und Klappenanordnung der Ju 188 E-1.

Zusammenstellung der Deckel und Klappen.

Ju 188 E-1
Flugz.-Handb.

Allgemeine Angaben
Übersichtstafeln

0 13

noch b. Übersicht der Deckel und Klappen (Zusammenstellung)
(siehe auch Seite 0 12 und 0 14)

Nr.	Lage	Zweck	Befestigung
30	Rumpf-Oberschale	Wartung des Seilzuges für Schlauchboot	Senkschrauben
31	Rumpf-Unterschale	Wartung der Druckölleitungen am Spant 9	Senkschrauben
32	Rumpf-Unterschale	Drucköl-Füllanschluß	Schnellverschluß
33	Rumpf-Oberschale	Wartung des Kraftstoff-Schnellablasses	Senkschrauben
34	Rumpf-Oberschale	Kraftstoff-Füllanschluß für Rumpfbehälter (2. Behälterraum)	Senkschrauben
35	Rumpf-Unterschale	Bomben- oder Rumpfbehälterklappen	Gelenk oder Senkschrauben
36	Rumpfende unten	Radspornklappen	Gelenk
37	Höhenflosse-Unterseite	Wartung d. Höhenrudergestänges	Senkschrauben
38	Höhenflosse-Unterseite	Wartung von Abfangvorrichtung und Höhenrudergestänge	Schnellverschluß
39	Höhenflosse-Unterseite	Wartung von Abfangvorrichtung und Höhenrudergestänge	Schnellverschluß
40	Höhenflosse-Unterseite	Wartung der Höhenflosse	Senkschrauben
41	Höhenflosse-Endkappe	Wartung der Höhenflosse	Senkschrauben
42	Höhenruder-Endkappe	Wartung des Höhenruders	Senkschrauben
43	Tragflügel-Oberseite	Wartung von Umfüllpumpe und Vorratsmessung	Senkschrauben
44	Tragflügel-Oberseite	Kraftstoff-Füllanschluß	Senkschrauben und Schnellverschluß
45	Abflußhaube oben	Schmierstoff-Auffüllung	Schnellverschluß
46	Tragflügel-Oberseite	Schmierstoff-Füllanschluß und Vorratsmessung	Senkschrauben
47	Tragflügel-Oberseite	Wartung von Umfüllpumpe und Vorratsmessung	Senkschrauben
48	Tragflügel-Oberseite	Wartung des Arbeitszylinders (Sturzflugbremse)	Senkschrauben
49	Tragflügel-Oberseite	Kraftstoff-Füllanschluß	Senkschrauben
50	Tragflügel-Oberseite	Tf. links Wartung des Schmierstoffvorratsmessers Tf. rechts Füllanschluß für Enteisungsbehälter	Schnellverschluß
51	Tragflügel-Oberseite nur im linken Tragflügel	Schmierstoff-Füllanschluß für Zusatzbehälter	Schnellverschluß
52	Tragflügel-Endkappe	Lösen der Endkappe	Senkschrauben
53	Flügelnase links (nur im linken Tragflügel)	Scheinwerferwartung	Gelenk und Senkschrauben
54	Abflußhaube oben	Steckerleitung für Fahrwerk-Endschalter	Schnellverschluß
55	Abflußhaube unten rechts	ermöglicht schnelles Lösen der Stoßstange	Schnellverschluß
56	Tragflügel-Unterseite	Wartung des Übersetzungsteiles	Senkschrauben und Schnellverschluß

0 14

Allgemeine Angaben
Übersichtstafeln

Ju 188 E-1
Flugz.-Handb.

noch b. Übersicht der Deckel und Klappen (Zusammenstellung)
(siehe auch Seite 0 12 und 0 13)

Nr.	Lage	Zweck	Befestigung
57	Tragflügel-Unterseite	Wartung des Steuerungsgestänges	Senkschrauben und Schnellverschluß
58	Tragflügel-Unterseite (nur rechter Tragflügel)	Wartung des Enteisungsbehälters	Schnellverschluß
59	Querruder links	Wartung des Trimmruder- und Federsteuerungsgestänges	Schnellverschluß
60	Tragflügel-Endkappe	Kabel-Kupplung	Schnellverschluß
61	Tragflügel-Verlängerung	Wartung der Steuerung und elektr. Leitung	Schnellverschluß
62	Tragflügel-Unterseite	Wartung des Tragflügels	Schnellverschluß
63	Tragflügel-Unterseite	Verschlußdeckel bei abgebautem Lastenträger	Schnellverschluß und Senkschrauben
64	Tragflügel-Unterseite	Wartung des Bombengestänges	Schnellverschluß
65	Tragflügel-Unterseite	Wartung des Schmierstoff-Zusatzbehälters u. Steuerungsgestänges	Schnellverschluß
66	Tragflügel-Unterseite	Wartung der Drucköl-Anlage für Sturzflugbremse und der Elt-Anlage	Senkschrauben und Schnellverschluß
67	Tragflügel-Unterseite	Wartung der Kraftstoffbehälter	Senkschrauben
68	Tragflügel-Unterseite	Schmierstoffablaß	Schnellverschluß
69	Tragflügel-Unterseite	Wartung des Schmierstoffbehälters	Senkschrauben
70	Tragflügel-Unterseite	Wartung des Kraftstoffbehälters	Senkschrauben und Schnellverschluß
71	Tragflügel-Unterseite	Wartung von Druckölleitungen, Triebwerksgestängen, elektr. Kabeln und Seilzügen für Heizung	Senkschrauben und Schnellverschluß
72	Tragflügel-Unterseite	Durchführung für Kraftstoff- und Druckluftleitung bei angebautem Lastenträger I bzw. Deckel mit Blindflansch bei abgebautem Lastenträger I	Senkschrauben
73	Abflußhaube unten	Fahrgestellverkleidung	Gelenk
74	Abflußhaube rechts	Wartung der Anlaß- und Zündanlage	Senkschrauben
75	Abflußhaube links	Kaltstartanlage, Zugang für Kugelverschraubung	Schnellablaß
76	Zwischenverkleidung	Wartung des Kaltstart-Absperrhahnes	Schnellverschluß
77	Zwischenverkleidung	Wartung der Trennstellen am Triebwerk	Gelenk, Schnellverschluß
78	Triebwerksverkleidung	Verkleidungsklappen	Gelenk und Schnellverschluß
79	Triebwerksverkleidung	Kühlerhaube	Senkschrauben
80	Luftschraube	Luftschraubenhaube	Schnellverschluß

ter TV im JFM-Zweigwerk Bernburg im Dezember 1943 erarbeitete, vermittelt das anschauliche Bild einer Ju 188-Baureihe.

JUNKERS FLUGZEUG- UND -MOTORENWERKE AKTIENGESELLSCHAFT DESSAU FLUGZEUGBAU ZWEIGWERK BERNBURG

Kurz-Baubeschreibung Nr. 141243
Junkers Ganzmetall-Landflugzeug Ju 188 G-2
Zweimotoriger Bomber

Inhalt

I. Technische Hinweise

1. Aufbau

Im Gesamtaufbau stimmt die Ju 188 G-2 mit der gemäß Baubeschreibung 100143 und dem Anhang vom Juli 1943 gefertigten Ju 188 A-2 überein. Die hauptsächlichsten Unterschiede sind der Heckstand und die neue Bomben-Abwurfanlage.

2. Verwendungszweck

Die Ju 188 G-2 dient als Horizontal-Bomber oder als Gleitbomber mit 30 Grad Bahnneigung.
Die Besatzung besteht aus fünf Mann; vier im Arbeitsraum und ein Mann im Heckstand.

3. Rüstzustand

Die Bezeichnung: Rüstzustand A, B, C oder D kann bei diesem Bomber nicht mehr angewendet werden, da durch die Bombenanlage die Rüstsätze M1, M2, B1, B2 nicht zu verwenden sind.
Während der Rüstsatz M8 anbaubar ist, bestehen die Rüstsätze
M14 und M15 für die Ju 188 G-2 nicht.
Es sind also folgende Rüstsätze einbaubar:

W1	=	A-Stand mit MG 151,
W2 +)	=	Abdeckung bei nicht eingebauten A-Stand,
W5	=	B2-Stand mit HD 151/2,
W6 +)	=	Abdeckung bei nicht eingebauter Drehringlafette,
M 8 +)	=	Bombenträger am Flügel links und rechts (Last I),
B3	=	Schmicrstoff-Zusatzbehälter im linken Flügel,
Kuto +)	=	Schneidprofil als Schutz gegen Ballonsperren.

Die mit +) versehenen Rüstsätze werden nur auf Sonderbestellung geliefert.

4. Lieferumfang

Zum Lieferumfang gehören folgende eingebaute Rüstsätze:

W1	=	A-Stand mit MG 151,
W5	=	B2-Stand mit HD 151/2,
B3	=	Schmierstoff-Zusatzbehälter im linken Flügel.

Die Lieferung umfasst die vollständig flugfertige Zelle.
Nicht im Lieferumfang enthalten und vom Auftraggeber anzuliefern sind:
- die betriebsfertigen Jumo 213 Triebwerke,
- die Luftschrauben,
- die Geräte für Schuß- und Abwurfwaffe,
- die Geräte der Selbststeuerung,
- die schwingungsfreie Kompass-Anlage,
- die Bordfunk-Anlage.

Der Einbau dieser Teile und Geräte ist im Lieferumfang enthalten.
Die vom Auftraggeber anzuliefernden Geräte sind in einer besonderen Aufstellung zusammengefasst.

II. Rumpfwerk

1. Rumpf-Vorderteil

Das Rumpf-Vorderteil ist der Arbeitsraum und erstreckt sich von der Rumpfspitze bis zum Spant 8a.

Im Arbeitsraum befinden sich der Flugzeugführer, der Funker, der Bombenschütze und der C-Standschütze.
Die Notbetätigung der Einstiegklappe sowie der Stoßdämpfer sind in einer besonderen Wanne unter der Bodenwanne untergebracht.
Der Handgriff der Notbetätigung liegt am Spant 8.
Durch zwei Fenster links und rechts in der Bodenwanne hinter Spant 5 ist die Sicht des C-Stand-Schützen verbessert.
Zwischen Spant 4 und Spant 4b ist unter dem Podest die Stromsammler-Lagerung angebracht.
Im Führerraum befinden sich nur noch zwei beheizte Nordland-Scheiben. Sie sitzen im vorderen Dach vor dem Flugzeugführer.
Die am Fenster zwischen den Pedalen der Ju 188 A-2 vorhandene Heizscheibe kommt nicht zum Einbau.
Die Zahl der Scheiben zwischen Spant 1 und Spant 2 ist von ein Stück auf drei Stück erhöht.

2. Rumpf-Mittelstück

Das Rumpf-Mittelstück wird aus den Lastenräumen I und II gebildet, welche sich von Spant 9 bis Spant 12 und von Spant 12 bis Spant 15 erstrecken.
In den Lastenräumen sind je ein Kraftstoff-Behälter und die Abwurf-Waffenanlage eingebaut.
An den Spanten 9, 12 und 15 entfällt das Unterteil.
Neu eingefügt wurde der nur aus der rechten Hälfte bestehende Spant 15a.
Unter den Lastenräumen ist die Bombenwanne eingebaut. Sie reicht vom Spant 8 bis zum Spant 20.
Die Bombenwanne setzt sich aus den »seitlichen Klappen« und den »Bombenklappen« zusammen.
Die vordere seitliche Klappe erstreckt sich von Spant 9 bis zu dem Spant 12.
Die hintere seitliche Klappe vom Spant 12 bis zum Spant 15a. Dies gilt für die linke und rechte Rumpfseite.
Jede Klappe ist am Unterholm mit drei Scharnieren befestigt.
An den Auslegern für die Bombenklappen sind die seitlichen Klappen durch Schnellverschlüsse befestigt und gesichert.
Eine mechanische Betätigung der seitlichen Klappen kann daher nicht erfolgen.
Die Bombenklappen, jeweils eine für die linke und eine für die rechte Seite, erstrecken sich vom Spant 9 bis zum Spant 15a. Dabei ist jede Klappe an drei Ausleger drehbar befestigt und gesichert. Die Befestigungspunkte der Ausleger befinden sich an den Spanten 9, 12 und 15a.
Das Öffnen der Bombenklappen geschieht ausschließlich elektrisch und hydraulisch.
Die Antriebe sind am Spant 15a befestigt und werden durch Gelenkwellen von einem Elektromotor angetrieben. Der hydraulisch betätigte Arbeitszylinder ist an der rechten Rumpf-Seitenwand zwischen dem Spant 10 und 11 angebaut.
Durch Stoßstangen wird die Bewegung der Getriebe auf die Klappen übertragen.
Den Übergang von den Klappen zu der Rumpfhaut bilden feste Verkleidungen.
Die Aufhängung der Rumpf-Kraftstoffbehälter erfolgt wie bei der Ju 188 A-2 an den Trägern, welche sich in der Rumpfdecke befinden.
Die hydraulische Betätigung der Landeklappen ist am Spant 12 höher gesetzt worden. Zum Schutz der Anlage ist ein Sicherheitsgitter angebracht.

3. Rumpfende

Das Rumpfende erstreckt sich vom Spant 15 bis zum Spant 32a.
Im Rumpfende ist der Heckstand eingebaut. Der Raum für den Heckstand-Schützen befindet sich zwischen Spant 30 und Spant 32.
Der etwas verlängerte Rumpf läuft im Lafetten-Anschlussspant 32a aus. Um den Heckstand-Raum zu erhalten, ist die Höhe des Rumpfes vom Spant 25 an vergrößert. Den Übergang zu der wannenartigen Vergrößerung bildet eine Verkleidungskappe.
Der Einstieg in den Heckstand erfolgt durch die in der linken Seitenwand angebrachte Tür. Diese ist im Notfall auch im Flug abwerfbar.
Bei Abwurf der Einstiegstür im Flug wird eine Störklappe in den Luftstrom gestellt, um den Heckstandschützen das Abspringen zu erleichtern.
Als Notsporn ist das Teil zwischen dem Spant 32 und Spant 32a ausgebildet.
Der Kraftstoff-Schnellablass-Austritt ist zwischen dem Spant 29 und Spant 30 eingebaut.

4. Fahrwerk

Das Fahrwerk und der Sporn sind verstärkt worden. Die Rad-Abmessungen des Fahrwerkes sind auf 1220 mm x 445 mm und die des Spornrades auf 630 mm x 220 mm vergrößert worden.
Die Vergrößerung der Räder bedingt den Anbau einer neuen Fahrgestell-Verkleidung und Änderung der Auslaufhutze.
Eine Sporn-Notbetätigung befindet sich im Heckstand. Sie besteht aus einer Handpumpe, die sich auf der linken Seite vor dem Spant 32 befindet, einem Hydrauliköl-Behälter hinter dem Spant30 und den zugehörigen Leitungen.
Der Rumpf-Anschlusspunkt der Sporn-Einziehstrebe ist vor dem Spant 26 verlegt worden.
Zur Betätigung des Klappen-Gestänges sind an der Knickstrebe neue Anschlußpunkte geschaffen worden.

5. Leitwerk

a. Höhen-Leitwerk
   Entsprechend der Verbreiterung des Rumpfendes durch den Heckstand ist die Spannweite der Höhenflosse etwas vergrößert, die Fläche aber die gleiche geblieben.
   Rumpfseitig ist das Höhenruder abgeschrägt, bedingt durch die an der linken Seite vorhandenen Einstiegstür.
b. Seiten-Leitwerk
   Die Seitenflosse ist bis auf die Lagerungen für das Seitenruder gegenüber der Ju 188 A-2 unverändert. Das Seitenruder ist um die vergrößerte Höhe des Rumpfes verkürzt und am unteren Ende zur besseren Sicht des Heckstandschützen ebenfalls abgeschrägt. Es ist in drei Auslegern, die sich an der Seitenflosse befinden, gelagert.
c. Sturzflug-Bremsgitter
   Die Sturzflug-Bremsgitter sind nicht angebaut.

6. Steuerwerk

Durch den Einbau des Heckstandes ist gegenüber der Ju 188 A-2 die Steuerung zwangsläufig im Rumpfende geändert.

7. Tragwerk

Das Tragwerk gleicht in Form und Aufbau der Ju 188 A-2.

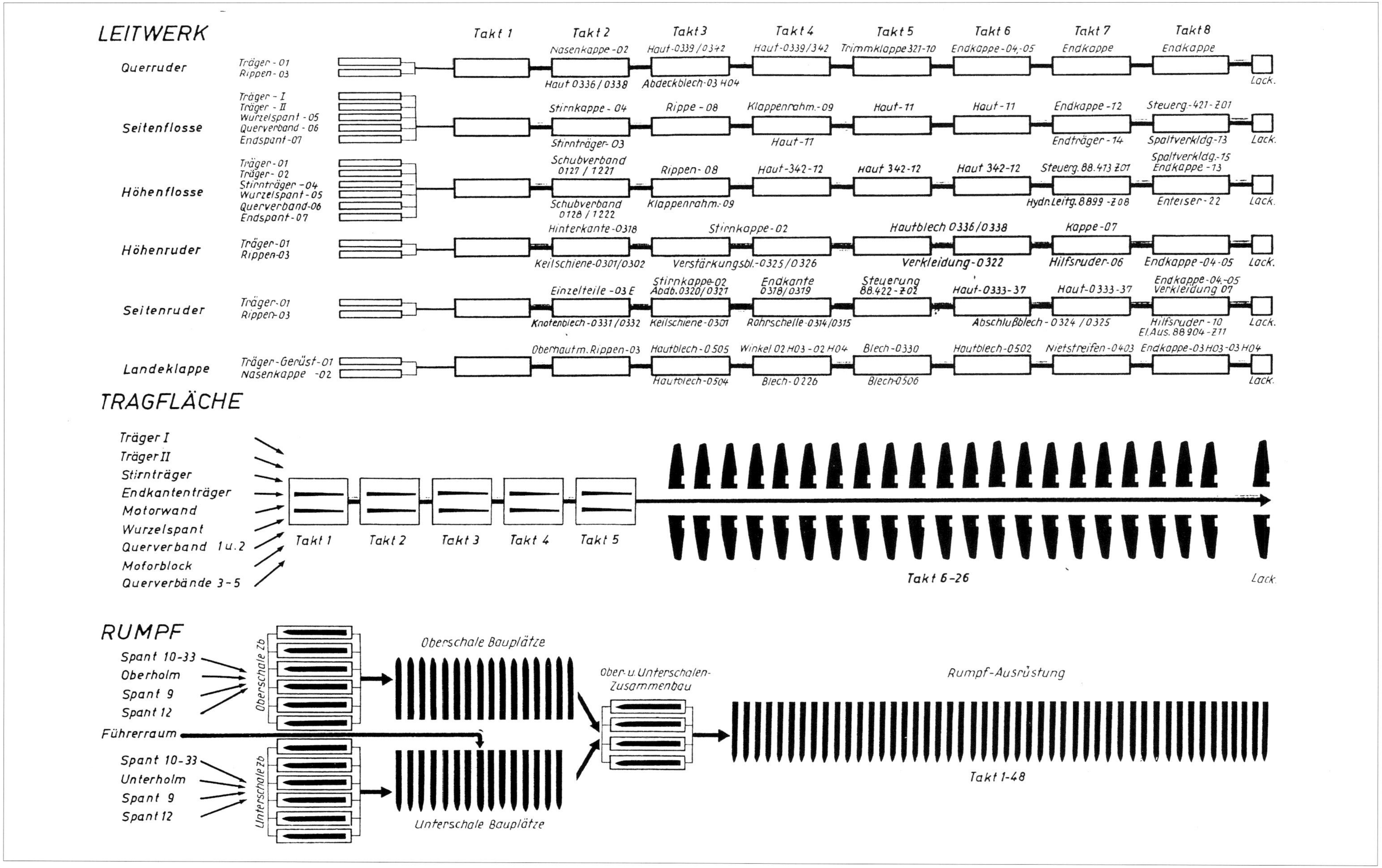

Schemata zu den Taktverfahren der Reihenfließfertigung der Ju 188.

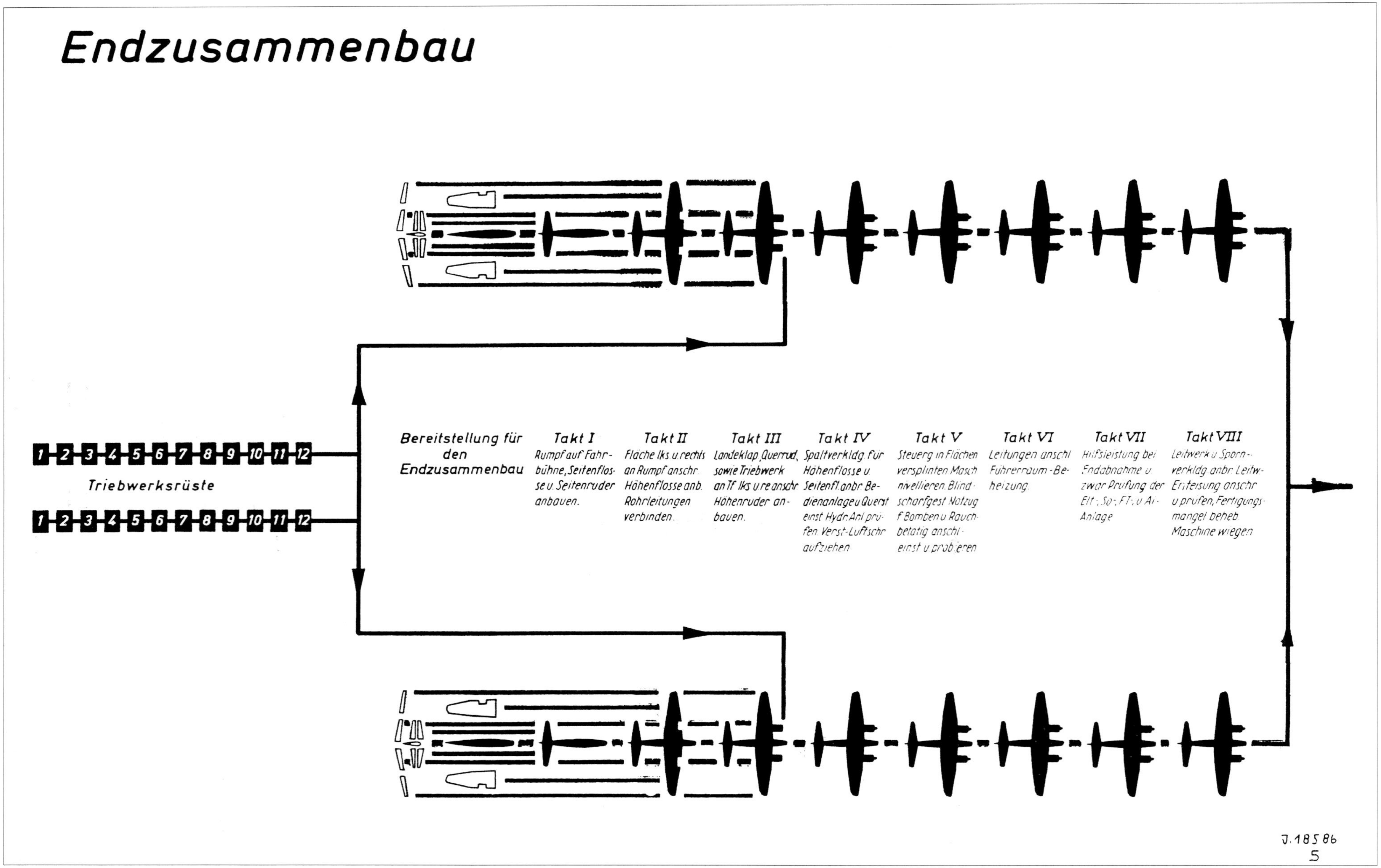

Taktfolge der Endmontage für die Ju 188.

Im rechten Tragflügel sind die 20 Kugel-Flaschen der Sauerstoff-Anlage eingebaut.
Die Flaschen liegen innerhalb der Träger I und II und zwar vier Flaschen zwischen der Rippe Vb und Ve, der Rest zwischen Qv, V und dem End-Profil.
Für den Schnellablass der Tragflächen-Kraftstoffbehälter sind in der linken und rechten Fläche je eine Austrittsöffnung vorhanden.

III. Triebwerksanlage

1. Triebwerke

Die Triebwerk-Bezeichnung ist 8-1013 B-2.
Zum Einbau gelangt der Jumo Motor:
Jumo 213 A-1.
Es ist ein 12 Zylinder-Viertaktmotor mit:

- Kraftstoff-Einspritzung,
- Presswasser-Kühlung,
- Hochdruck-Lader,
- Drall-Drossel,
- automatischen Füllungsregler,
- selbsttätiger Umschaltung von Boden- auf Höhen-Lader und umgekehrt,
- Einhebel-Motorbediengerät mit Stopp-Stellung am Leistungshebel (Zurücknahme über Leerlauf hinaus),
- Untersetzungsgetriebe,
- Zylinder-Anordnung zweireihig, in hängender V-Form.

Die Triebwerke werden vom Motorhersteller anbau- und betriebsfertig angeliefert.

2. Luftschrauben

Als Luftschraube wird die von Jumo gefertigte Verstell-Luftschraube VS 111 verwendet.
Es ist eine drei-flüglige Verstell-Luftschraube mit Holzflügeln
Durchmesser 3,7 m,
Blattbreite 9,5 % und vollautomatisch-hydraulischer Verstellung.

3. Kraftstoff-Anlage

Folgende Behälter sind eingebaut:

a. Zwei innere Flügelbehälter als Entnahmebehälter mit je 415 Liter Inhalt = 830 Liter
b. Zwei äußere Flügelbehälter als Zusatzbehälter mit je 425 Liter Inhalt = 850 Liter
c. Ein Rumpfbehälter im Lastenraum I mit 725 Liter Inhalt = 725 Liter
d. Ein Rumpfbehälter im Lastenraum II mit 700 Liter Inhalt = 700 Liter
Gesamt Fassungsvermögen = 3.105 Liter

Die Kraftstoff-Anlage kann durch abwerfbare Behälter, welche an den Flügel-Lastenträgern Last I links und rechts nach deren Anbau anzuhängen sind, um 2 x 900 Liter = 1.800 Liter erhöht werden.
In den Kraftstoff-Hauptbehälterköpfen sind die Behälterpumpen KBP 16 L eingebaut.
Die Schnell-Ablassleitung für die Rumpfbehälter läuft zwischen dem Spornrad und dem Heckstand zum Austritt hindurch, welcher zwischen dem Spant 29 und Spant 30 liegt.
Für die äußeren Behälter in den Tragflächen ist der Austritt der Schnell-Ablassleitung zwischen der Rippe Ivd und Qv IV hinter dem Träger II verlegt.
Zur Überwachung der Motorleistung kommt neben der Drehzahl-Anzeige auch eine Kraftstoff-Verbrauchsmessung zur Anwendung.
Die Verbrauchsmessung des Kraftstoffs arbeitet auf elektrischer Basis, aber Unabhängig vom Bordnetz und ist daher nicht störanfällig. Sie besteht aus:

e. Induktivgeber, angebaut an der Einspritzpumpe,
f. Stromgeber, vom Motor mit Kurbelwellen-Drehzahl angetrieben,
g. Verbrauchs-Anzeiger im Führerraum, zeigt dort den vom Induktivgeber gemessenen Kraftstoff-Verbrauch in Liter pro Stunde an.

4. Schmierstoff-Anlage

Infolge des Einbaus von Kraftstoff-Behältern in den Lastenräumen ist auch ein Zusatz-Schmierstoff-Behälter nach Rüstsatz B 3 vorhanden.
Im Rumpf und in den Tragflächen ist die Anlage gegenüber der Ju 188 A-2 unverändert.
Die Schmierung des Jumo 213 A-1 erfolgt durch eine Druckumlauf-Schmierung mit einen Haupt- und Nebenstrom-Schmierkreislauf.
Unter dem Hauptstrom-Schmierkreislauf sind die Hauptwege des Schmieröles innerhalb des Motors zu verstehen.
Der Nebenstrom-Kreislauf hat die Aufgabe, den Schmierstoff-Verbrauch des Motors und die Leckverluste zu ergänzen.
Die Temperatur des Schmieröles ist der des Kühlstoffes angepasst.
Im Wärmeaustauscher, welcher an der Stelle des Öl-Kühlers getreten ist und sich unter dem Motor befindet, wird die Temperatur des im Hauptstrom-Kreislauf fließenden Öles dem Kühlstoff angepasst.
Den Schmierstoff-Druck regelt ein Überdruck-Ventil.

5. Bedienanlage

Die Leistung des Motors Jumo 213 wird ähnlich wie die beim BMW 801 mit einem Leistungshebel über ein Bediengerät reguliert.
Neuartig ist dabei, dass mit dem Leistungshebel eine bestimmte Einspritzmenge gewählt und über entsprechende Regelorgane das in einem bestimmten Mischungsverhältnis zugeordnete Luftgewicht automatisch vermittelt wird.
Das Bediengerät regelt:

a. die Drehzahl,
b. die Gemischbildung,
c. die Zündung,
d. den Schnellstopp und
e. die Lader-Umschalthöhe.

Durch die Betätigung eines Hubmagneten am Bediengerät über einen Kippschalter ist oberhalb der Umschalthöhe eine willkürliche Umschaltung von Höhen- auf Bodenlader möglich. (Sparflug)

IV. Ausrüstung

1. Elektrische Anlage

Die beiden Stromsammler 6 DL6 sind im Führerraum untergebracht.
Im Führerraum sind zwei Heizscheiben eingebaut.
Der zum Betätigen des Bombenklappen-Getriebes verwendete Motor ist im Spant 17 gelagert.
Eine Betätigung der hydraulischen Streben erfolgt über Magnetventile.
Die Rüstsätze M1, M2, M14 und M15 kommen für

Zweietagige Montagebühne für die Seitenruder der Ju 188 im Lizenzbau bei ATG Leipzig.

Führerraum mit dem Metallgerüst der Flugkanzel.

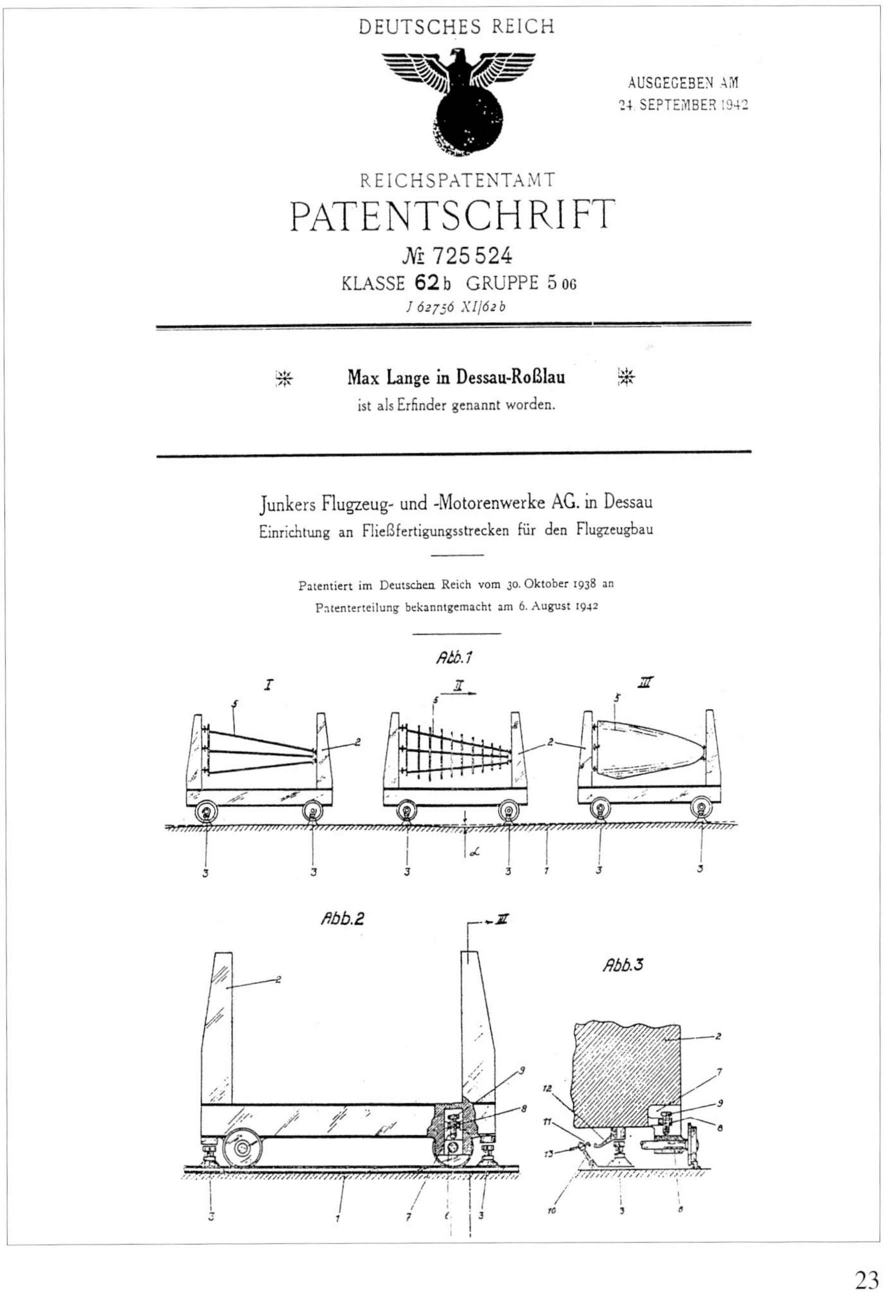

DEUTSCHES REICH

AUSGEGEBEN AM
24. SEPTEMBER 1942

REICHSPATENTAMT

PATENTSCHRIFT

№ 725 524

KLASSE **62** b GRUPPE 5 06

J 62756 XI/62 b

Max Lange in Dessau-Roßlau
ist als Erfinder genannt worden.

Junkers Flugzeug- und -Motorenwerke AG. in Dessau
Einrichtung an Fließfertigungsstrecken für den Flugzeugbau

Patentiert im Deutschen Reich vom 30. Oktober 1938 an
Patenterteilung bekanntgemacht am 6. August 1942

Abb. 1

Abb. 2

Abb. 3

JFM-Patentzeichnung für einen Tragflächen-Montagewagen.

diese Baumuster nicht in Betracht. Daher entfällt auch die entsprechende Elt-Anlage.

2. **Bordfunk-Anlage**
Die Bordfunk-Anlage umfasst folgende Funkanlagen:
a. FuG 10P mit Sende- und Empfangsanlage für den Kurz- und Langwellen-Bereich,
b. BZ 6 mit Zielflugpeilempfänger,
c. TZG 10 (Telefonie-Zusatzgerät im Kurzwellen-Bereich),
d. FuG 16 (Bord- zu Bord-Anlage im Kurz- und Langwellen-Bereich,
e. FuG 25a (Kennungsgerät),
f. FuG 101 (Landehöhenmesser),
g. Fu Bl 2F (Blindlande-Anlage).
Die Antennen-Haspel AH 10 und der Antennenschacht mit einer Kapp-Vorrichtung und dem Einstell-Anzeiger Asch 10 gelangen nicht zum Einbau.
Durch eine Anschlussdose ADB 12 ist der Heckstand an die Eigenverständigung angeschlossen.
Die Ju 188 G-2 hat wie die anderen Baumuster auch die S-Kompass-Anlage.
Der Mutterkompass ist in das Rumpfende zwischen dem Spant 24 und Spant 25 versetzt.

V. Sicherheitseinrichtungen

1. **Höhenatmer-Anlage**
Die zwanzig Sauerstoff-Kugelflaschen sind in der rechten Tragfläche untergebracht.
Für jeden Mann der Besatzung stehen also vier Flaschen zur Verfügung.
Die Verteilung der Atemgeräte ist bis auf das hinzugekommene Gerät für den Heckstandschützen mit der Ju 188 A-2 identisch.

2. **Sicherheits- und Rettungseinrichtungen**
Für den Flugzeugführer, den Funker und den Heckschützen kommen Sitzkissen-Fallschirme, für den Bomben- und den C-Standschützen Rückenfallschirme zur Verwendung.
Alle Besatzungsmitglieder haben zum Anschnallen einen Bauchgurt, der Flugzeugführer und der Heckstandschütze außerdem noch einen Schultergurt.
Das Flugzeug kann je nach Einsatz mit:
einem Schlauchboot oder
einer Wüsten-Bordnotausrüstung oder
einer Winternotausrüstung versehen werden. Diese Geräte gehören jedoch nicht zum Lieferumfang der Flugzeuge.

3. **Heizungs- und Enteisungsanlage**
Für die Führerraum-Beheizung und Tragfächen- und Höhenflossen-Enteisung werden wieder die Abgase der Motoren genutzt.
Gegenüber der Ausführung für die Ju 188 A-2 ist jedoch die Heizungsanlage um die des Heckstandes erweitert.
Die Heckstand-Beheizung ist durch einen Anschlusskrümmer mit der Warmluft-Zuleitung für die Höhenflossen-Enteisung verbunden.
Die Enteisung der Flügel und der Höhenflossen-Nase erfolgt durch Beheizung mit Warmluft.
Eine Enteisung der Luftschrauben erfolgt durch eine Enteisungsflüssigkeit, die seitlich am Verstellarm der Luftschrauben-Nabe zugeleitet wird.

4. **Hydraulische Anlage**
Die hydraulische Anlage dient zur Betätigung:
a. des Fahrgestells und des Spornrades,
b. der Landeklappen,
c. der Höhenmesser und
d. der Bombenklappe.
Anstelle der elektrisch betätigten Klauber und der Simon-Ventile sind Magnet-Ventile zum Einbau gekommen.

VI. Schußwaffe

Der Bomber besitzt fünf Waffenstände.

1. **A-Stand**
In der rechten Führerraum-Dachseite ist nach vorn feuernd als halbstarre Waffe ein MG 151/20 eingebaut und in der Lafette L 151/3 gelagert. Die Waffe hat eine Linkszuführung, eine elektrische Durchladung und besitzt eine mechanische Zündung.
Im Vollgurtkasten, welcher sich im Spant 2 befindet sind 200 Schuß Munition untergebracht.
Bei festgestellter Waffe dient das Sturzvisier als Zielgerät.

2. **B1-Stand**
Im abwerfbaren Teil der Führerraum-Überdachung ist in einer großen Linsenlafette LLg 131 ein nach oben feuerndes MG 131 A-2 als bewegliche Waffe eingebaut.
Das MG 131 hat eine Rechtszuführung, eine Handurchladung, einen Handabzug und eine elektrische Zündung.
Zwei Vollgurtkasten mit je 500 Schuß sind für diese Waffe vorgesehen.
Ein Munitionskasten befindet sich an der linken, der andere Kasten an der Rechten Rumpfseitenwand zwischen dem Spant 6 und Spant 8a.

3. **B2-Stand**
Der B2-Stand ist als Rüstsatz W5 gebaut und besteht aus der hydraulischen
Drehringlafette HD 151 und dem MG 151/20. Das MG 151 hat eine Rechtszuführung, eine elektrische Durchladung, einen elektrischen Abzug und eine elektrische Zündung.
Im Munitionsbehälter, welcher sich an der rechten Seite der Lafette befindet, sind 500 Schuß Munition untergebracht.

4. **C-Stand**
Im C-Stand befindet sich ein MG 131 B-2 mit Rechtszuführung, einem Handabzug einer Handdurchladung und einer elektrischen Zündung. Als Lagerung dient eine Walzenlafette WL 131 AR.
Der Munitionskasten ist über dem MG am Spant 8 befestigt und fasst 500 Schuß Munition.

5. **H-Stand**
Zwei MG 131 mit einem Magnetabzug und einer Handdurchladung sind im Heckstand untergebracht.
Die Zündung der Munition erfolgt elektrisch.
Die Waffen sind übereinander angeordnet und in einer Hecklafette HL 131 Z gelagert.
Die Bedienung der Waffen erfolgt durch den Heckstandschützen.
Zum Anvisieren des Zieles dient ein Revi.

Die Munition mit je 600 Schuß pro Waffe ist in den Vollgurtkästen hinter dem Spant 15 untergebracht. Durch Kanäle wird die Munition der Waffen zugeführt. Der lange Zuführungsweg macht den Einbau von Gurtförderern notwendig, welche zwischen dem 28 und Spant 29 eingebaut sind.
Bei Ausfall der Gurtförder-Motoren können die Gurtförderer auch mechanisch per Hand betätigt werden.

VII. Abwurfwaffe

1. Abwurfwaffe

Die Abwurfwaffe besteht aus:
a. den Lastenträgern im vorderen Lastenraum und
b. dem Lastenrost im hinteren Lastenraum.
Außerdem sind im Tragflügel die Anschlusspunkte für den Lastenträger M8 links und rechts eingebaut. Das Blindscharfgestänge ist nicht verlegt.
Im vorderen Lastenraum sind drei Träger zwischen dem Spant 9 und Spant 12 nebeneinander eingebaut. Der mittelste Träger ist zur Aufnahme einer Schlosslafette 500/1000, die beiden äußeren Träger sind für je eine Doppellafette 500/1000 vorgesehen.
Im hinteren Lastenraum ist ein Lattenrost zur Aufnahme von zwei Schlosslafetten 500/1000 eingebaut.
Bei Übergabe des Flugzeuges ist eingebaut:
c. im Träger links und im Träger rechts des vorderen Lastenraumes je 1 Stück Schloss 500/XII,
d. im Mittelträger des vorderen Lastenraumes 1 Stück Schloss 2000/XIII,
e. im Lafettenrost im hinteren Lastenraum 2 Stück Schloss 500/XII.

2. Zielgeräte

Als Zielgerät für den Bombenabwurf ist die Bombenzielanlage BZA-1 eingebaut.
Außerdem sind Lagerungen für den Einbau eines Lotfe 7C oder Lotfe 7D und eines Navi 3 im Flugzeug vorhanden. Bei Bedarf werden die Geräte durch den Flugzeughalter eingesetzt.

VIII. Oberflächenschutz

Bis zur Herausgabe neuer Unterlagen ist der Oberflächenschutz wie bei allen Ju 88 und Ju 188 Baumustern nach der Liste Ju N 52004.0-04 durchgeführt.
Desgleichen erhält die Ju 188 G-2 den normalen Zwei-Farbensichtschutz schwarzgrün (70) / dunkelgrün (71) von oben und an den Flächenunterseiten und der Rumpfunterseite den Nacht-Tarnanstrich.
Für den Nacht-Tarnanstrich kommen folgende Farben zur Anwendung:

a. Zwischenlack	7123.99,
b. schwarze Farbe	7124.22 und
c. Verdünnung	7205.00.

Statt des bisher für den Außenanstrich verwendeten Flieglackes 7122 ist der Flieglack 7150 aufgetragen.
Für den Innenanstrich ist der Flieglack 7121 verwendet.

IX. Betriebs-Hilfsgeräte

Die Betriebs-Hilfsgeräte sind unterteilt in:
1. Gerät und Sonder-Werkzeug I. Ordnung,
2. Gerät und Sonder-Werkzeug II. Ordnung und
3. Zusatz-Geräte.

Das Gerät und Sonderwerkzeug II. Ordnung und die Zusatz-Geräte gehören nicht zum Lieferumfang des Flugzeuges. Die Beschaffung erfolgt gesondert durch das RLM.
Das mit dem Flugzeug zur Ablieferung gelangende Gerät und Sonderwerkzeug

I. Ordnung umfasst folgende Teile:

a. Im Bordsack:
- 1 Stück Bezug für den Führerraum und die Kanzel zur Abdeckung,
- 2 Stück Bezüge für die Motoren-Abdeckung,
- 1 Stück Bezug für die Staurohr-Abdeckung,
- 1 Stück Bezug für das Laufrad rechts,
- 1 Stück Bezug für das Laufrad links,
- 1 Stück Bezug für die Heckstand-Abdeckung,
- 2 Stück Verankerungsseile 20 mm Durchmesser und 2,5 m lang,
- 2 Stück Feststell-Vorrichtungen mit Wimpel für Querruder,
- 3 Stück Feststell-Vorrichtungen mit Wimpel für das Heck-Leitwerk,
- 1 Stück Fortschritt-Überdruckpresse,
- 2 Stück Stahldraht-Schläuche für die Öldruck-Presse und
- 1 Stück öldichter Beutel für die Fettpresse und Stahldraht-Schläuche.

Außerdem ist in dem Bordsack das von dem Triebwerkshersteller gelieferte Motorwerkzeug untergebracht.

b. In der Werkzeugtasche:
- 1 Stück Reifendruckprüfer mit einem Schlauch von 1 bis 5,5 atü Druckbelastung,
- 1 Stück Kombinationszange ca. 160 mm lang,
- 1 Stück Schraubenzieher mit ca. 4 mm Schneidenbreite und ca. 180 mm Länge,
- 1 Stück Schraubenzieher mit ca. 8 mm Schneidenbreite und ca. 360 mm Länge,
- 1 Stück Schlosserhammer von 250 bis 300 Gramm,
- 1 Stück verstellbarer Schraubenschlüssel (Rollgabel-Schlüssel) von 0 bis ca. 15 mm,
- 1 Stück verstellbarer Schraubenschlüssel (Rollgabel-Schlüssel) von 0 bis ca. 30 mm,
- 1 Stück Mutter- und Rohrzange (Becro-Polygrip) ca. 250 mm Länge,
- 1 Stück Drill-Schraubenzieher mit Rückstoßfeder im Heft 50 cm lang »Edu-Drill« (Eduard Finkeldei Remscheidt-Vieringshausen),
- 1 Stück Junkers-Einsatz für rundgefräste Schlitze in Senkschrauben für Drill-Schraubenzieher,
- 1 Stück Blechschachtel zur Aufnahme von Kleinteilen,
- 1 Stück kleine Rolle Isolierband von 10 m Länge in einer Blechschachtel,
- 1 Stück kleine Rolle verzinkter Sicherungsdraht von 10 m Länge, 1 mm stark und
- 1 Stück Haubenschlüssel für die VS 11-Luftschraubenhaube.

Hinweisverzeichnis zur Anlage 1 der Kurz-Baubeschreibung Ju 188 G-2

1 A-Stand mit MG 151
2 B1-Stand mit MG 131
3 B2-Stand mit MG 151
4 C-Stand mit MG 131
5 zwei Stück Stromsammler
6 Antennenmast »Festantenne«
7 Brennstoff-Behälter mit 725 Liter im vorderen Lastenraum
8 Brennstoff-Behälter mit 700 Liter im hinteren Lastenraum
9 Peilraum
10 Vollgurtkasten für Heckstandwaffe
11 Rudergetriebe
12 Antennen-Abstimmgerät AAG 2
13 FT-Gerüst
14 FT-Gerüst
15 Mutterkompass
16 Umformergerüst
17 Antrieb für Höhenruder-Trimmung
18 Vorhalter-Rechner
19 Kommando-Fahrtgeber
20 BK-Antrieb
21 Relais-Kästen
22 Antennen-Anpassgerät AAG 25a
23 Entnahme-Kraftstoffbehälter mit 415 Liter Fassungsvermögen
24 Schmierstoffbehälter
25 Kraftstoffbehälter mit 425 Liter
26 Kraftstoff-Schnellablass
27 Zusatzschmierstoff (Rüstsatz B3)
28 FuG 101 Empfänger
29 FuG 101 Sender
30 Umformer
31 Kugelflaschen für die Sauerstoff-Anlage
32 Tragflächen-Enteisung
33 Höhenflossen-Enteisung

Hinweisverzeichnis zur Anlage 2 der Kurz-Baubeschreibung Ju 188 G-2, H-2

1 Sitz, verstellbar in Reise- Kampf- und Not-Ausstiegsstellung
2 Betätigungshebel der Sitzverstellung
3 Rücken- und Kopfpolsterung
4 Schultergurt
5 Bauchgurt
6 Deckenpolsterung zwischen dem Spant 30 und Spant 32
7 Deckenpolsterung zwischen dem Spant 32 und Spant 32a
8 Polsterung am Spant 32
9 Kniepolster, verstellbar
10 Schulterpolster, verstellbar
11 Kopfpolster
12 Brust-Stützgurt
13 obere Panzerung
14 seitliche feste Panzerung
15 seitliche schwenkbare Panzerung
16 vordere Panzerung
17 untere Panzerung
18 Sauerstoff-Wächter
19 Sauerstoff-Druckmesser
20 Atemgerät
21 Schalttafel
22 Anschlussdose für Eigenverständigung
23 Zündumformer
24 Entstörgerät
25 Schußzähler
26 Einstiegtür, abwerfbar
27 Störklappe
28 Auslösung für Türabwurf und Freigabe der Störklappe
29 Behälter für Hydrauliköl und Sporn-Notbetätigung
30 Handpumpe für Sporn-Notbetätigung

Hinweisverzeichnis zur Anlage 3 der Kurz-Baubeschreibung der Ju 188 G-2, H-2

I. Bewaffnung

1 Vollgurtkasten für die untere Heckstandwaffe
2 Vollgurtkasten für die obere Heckstandwaffe
3 Gurtkanäle
4 Gurtförderer mit Motoren und Handantrieb
5 Bedienung für Handantrieb
6 Wippen
7 Kontaktgeber für Gurt-Fördermotoren
8 Ikaria-Lafette
9 Umlenkrollen
10 MG 131
11 Waffensteuerung
13 VE-Steuerung für Revi
14 Panzerglasscheibe

II. Steuerung

15 Seitenrudergetriebe der Kurssteuerung
16 Stoßstangen für Seitensteuerung
17 Doppel-Hebelwelle
18 Hebelwelle
19 Hebelwelle für Höhenruder mit aufgeschobener Seitenruder-Hebelwelle
20 Seilscheibe auf Rumpf
21 Seile zum Seitenruder
22 Seile für Höhenruder-Betätigung
23 Höhenruderausgleich
24 Höhenruder-Stoßstange
25 Hebelwelle
26 Höhenflossen-Hydraulikstrebe
27 Wippe

III. Spornanlage

28 Radsporn
29 Federstrebe
30 Knickstrebe
31 Hydraulikstrebe
32 Klappen-Betätigungsgestänge
33 Verkleidungsklappe links

IV. Kraftstoffanlage

34 Schnellablass-Leitung
35 Kraftstoffaustritt

Junkers Flugzeug- und -Motorenwerke Aktiengesellschaft JFM-Motorenvertrieb	Übersichtsmappe Triebwerke mit JUMO 213

Stand Dezember 1944

Übersicht der Serientriebwerke mit JUMO 213

Triebwerks-Gerät-Nr.	Motor Gerät-Nr.	Zelle	Luftschraube	Bemerkung
9-8013 B2	9-213 A 1	Ju 88/188	VS 111	Bombertriebwerk Axialkühler 1300 ∅
9-8213 E1	9-213 AG1	FW 190 D9	VS 111	Jägertriebwerk Axialkühler 1100 ∅ Schmierstoffvorrat im Triebwerk
9-8213 D1	9-213 E 1	Ju 88/388	VS 9 spät. VS 19	Bombertriebwerk Einheitskühlerkopf 1150 ∅
9-8213 FE1	9-213 E 1	Ta 152 E	VS 9 spät. VS 19	Jägertriebwerk Einheitskühlerkopf 1150 ∅
9-8213 FH1	9-213 E 1	Ta 152 H	VS 9 spät. VS 19	Jägertriebwerk Einheitskühlerkopf 1150 ∅
9-8213 H1	9-213 F 1	FW 190 D11 und D12	VS 9	Jägertriebwerk Axialkühler 1100 ∅; Schmierstoffvorrat im Triebwerk

Übersicht der Serientriebwerke mit Jumo 213.

JFM Jumo 213 A-1.

DEUTSCHES REICH

AUSGEGEBEN AM
14. SEPTEMBER 1942

REICHSPATENTAMT

PATENTSCHRIFT

№ 725 100

KLASSE 62c GRUPPE 5 01

J 58408 XI/62c

Dr.-Ing. Otto Mader in Dessau-Ziebigk

ist als Erfinder genannt worden.

Junkers Flugzeug- und -Motorenwerke AG. in Dessau

Einrichtung zur selbsttätigen Veränderung der Flügelblattsteigung mehrerer nicht gleichachsig angeordneter Verstelluftschrauben

Patentiert im Deutschen Reich vom 24. Juni 1937 an

Patenterteilung bekanntgemacht am 30. Juli 1942

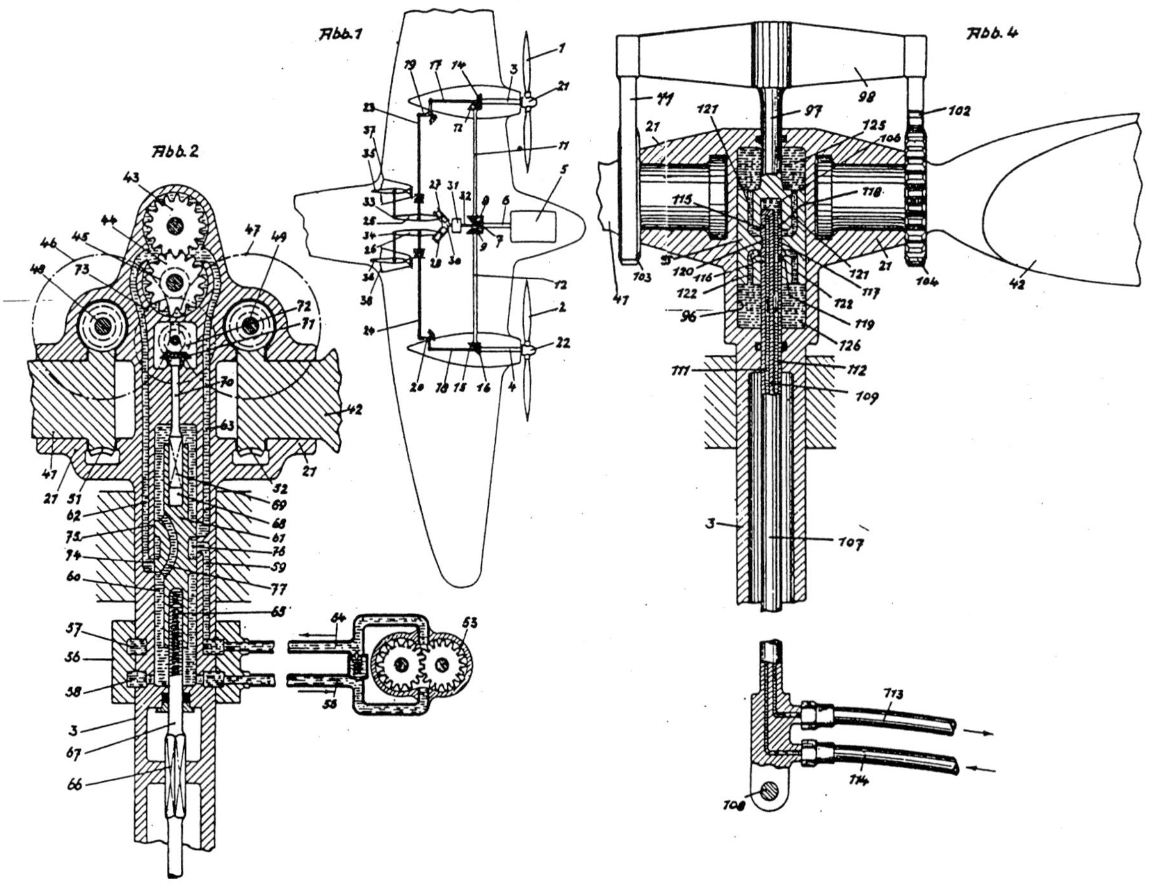

JFM-Patent zur selbsttätigen Veränderung der Flügelblattsteigung zweimotoriger Flugzeuge.

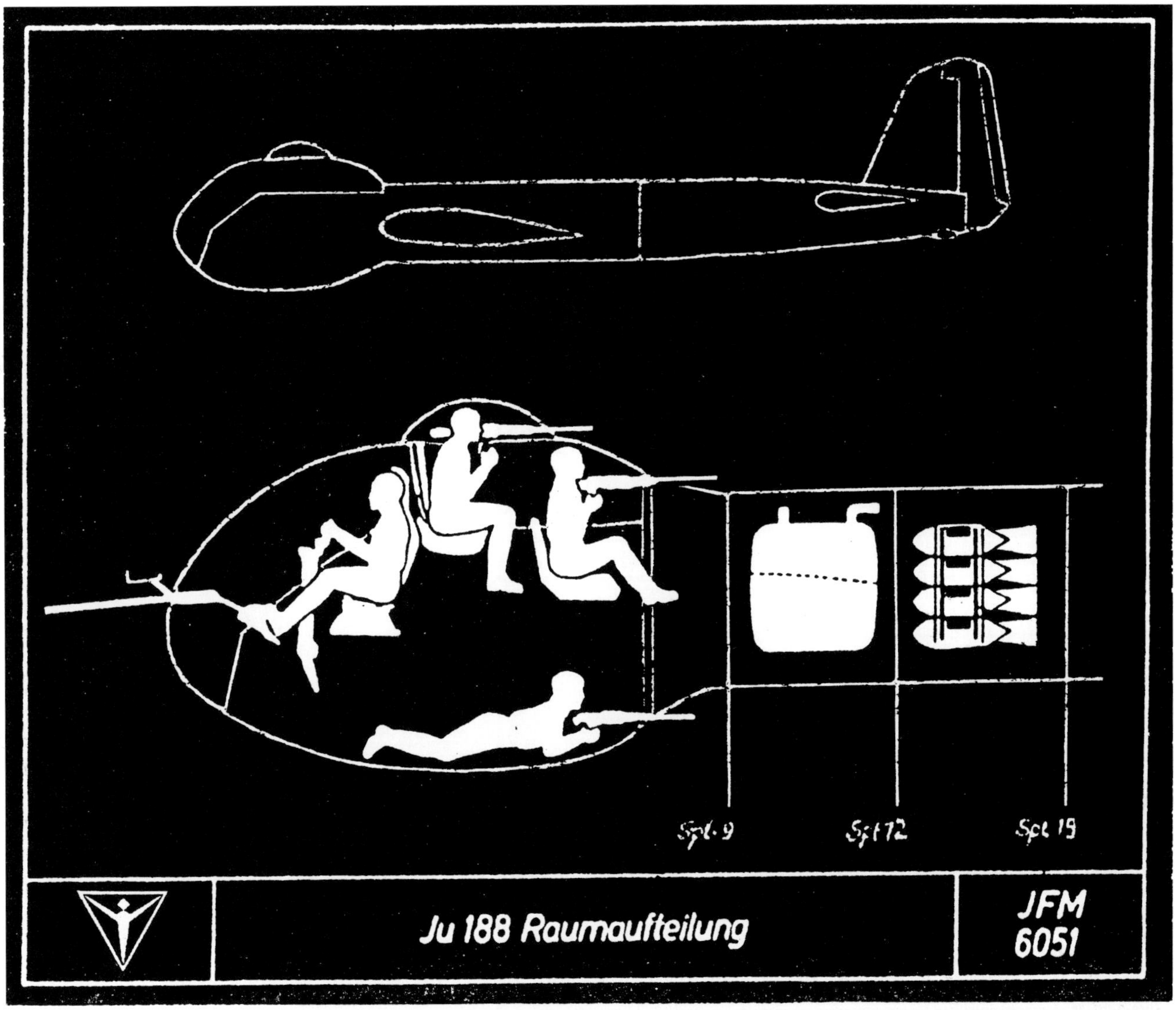

Arbeits- und Raumaufteilung.

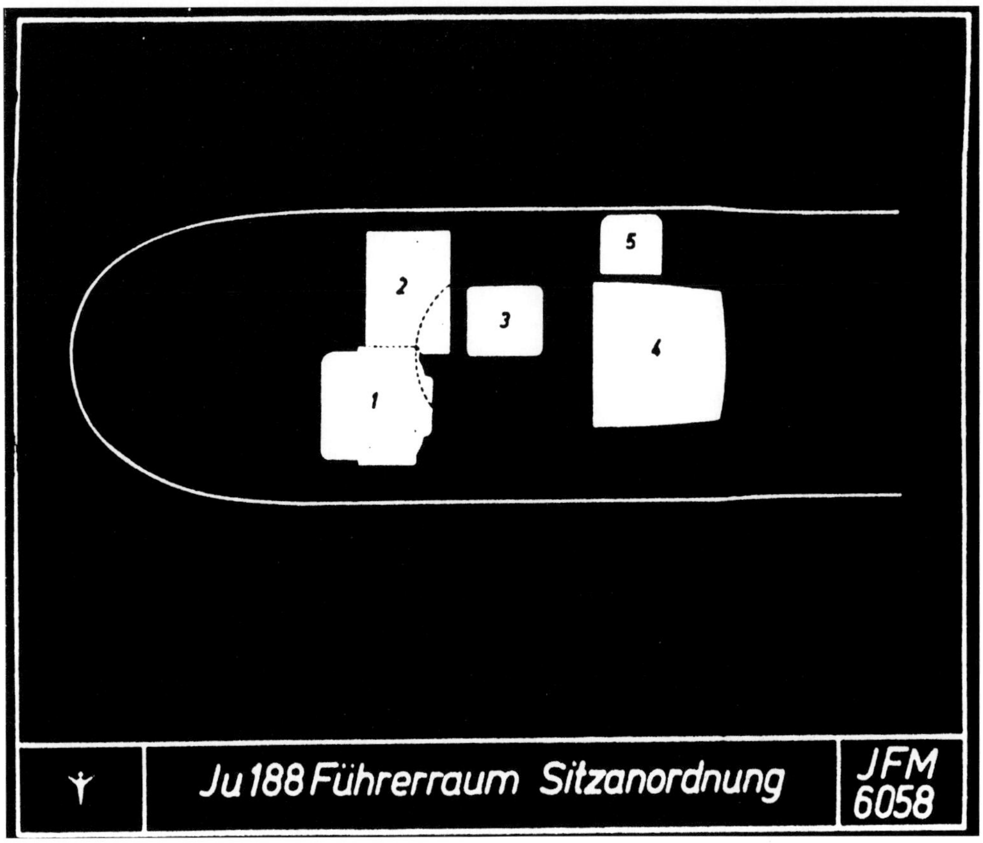

Sitzanordnung im Führerraum.

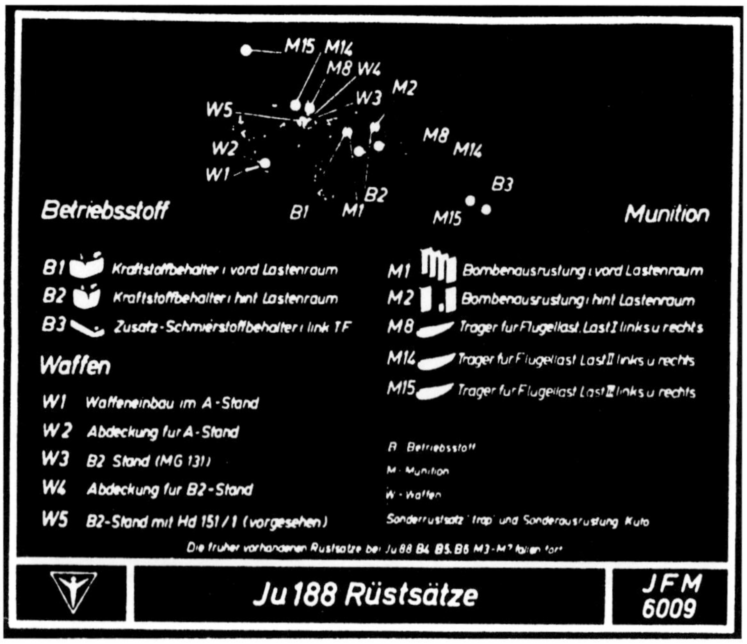

Rüstsätze für die Ju 188.

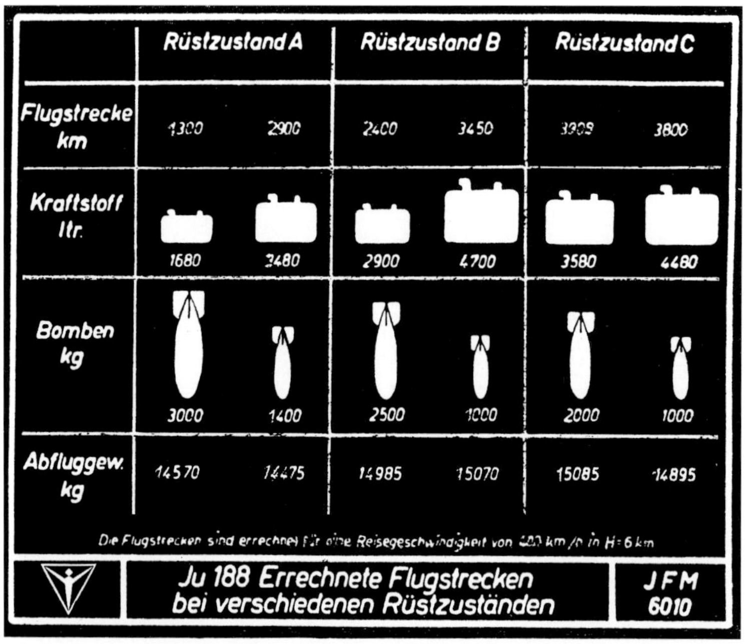

Die jeweiligen Rüstzustände im Verhältnis zur Flugstrecke, zum Kraftstoff und zur Bombenlast.

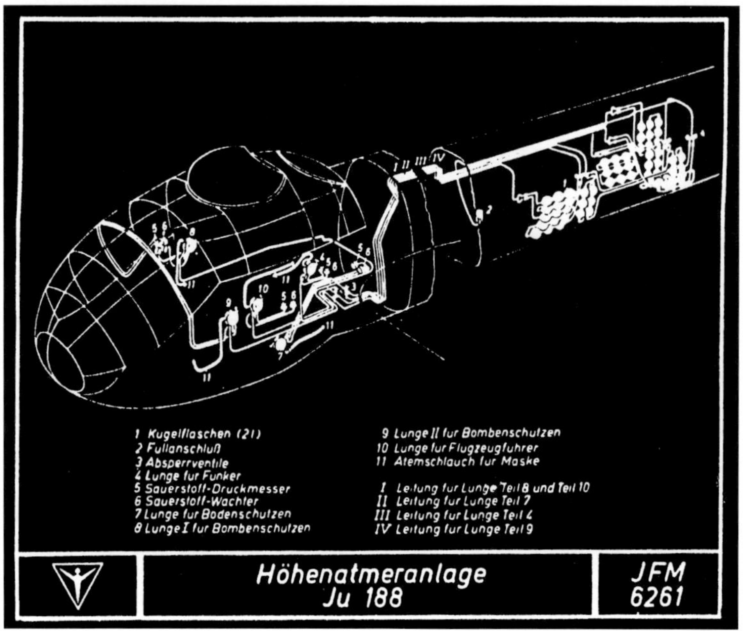

Funktionsweise der Höhenatmeranlage.

Elt-Anlage im Rumpfende.

Verteiler:	F S D	F G		F Z B		FJA FZH FZL	
RLM/GL/C-E 2/II	JFM-FTM	Kobü-Ltg.	K-Techn.Ltg.	BAL	Febü	BAL	Werwe
RLM/GL/C-B 2/II	JFM-FTV-Au	Kobü-Rh	K-Kaufm.Ltg.	/TWL	Feprü 2x	TWL	Rela
E'St.Rechlin	JFM-FVZ	Kobü-Elt	Buchhaltung	KWL/	Werwe 2x	KWL	Rewe
E'St.Tarnewitz	JFM-Zentral-	Kobü-Wa	Av	Rewe	Rela	Av 2x	
	einkauf	Kobü-Tw		Belei I		Feprü	
	JFM-FTV-Dru			Belei II			

Junkers Flugzeug- und Motorenwerke A.G.
Flugzeugbau Zweigwerk Bernburg
FG-K, TB/TV

Bernburg, den 17.Dezember 1943
Kr/Ha.

FG-
Bauanweisung
Ju 188 G-2

ab Werk-Nr. 210061

KA.-Nr.: 71 88 10 10 / 014
Termin: lt. FG-AV-Plan

Bauausführung:

Der Bauausführung liegt die Baubeschreibung Ju 188 E-1 u. F-1 Nr. 100143 mit Nachtrag I und Anhang für Ju 188 A-2 u. D-2 Flugzeuge sowie die anliegende Kurz-Baubeschreibung für Ju 188 G-2 Bomber vom 14.12.43 zu Grunde.

Bordfunkanlage:

Der Gerätesatz der Blindlandeanlage Fu Bl 2 F ist nicht einzubauen.

FG-Block K, TB
Technischer Vertrieb
Bartel

Anlage:
1 Kurz-Baubeschreibung

Deckblatt der FG-Bauanweisung von 1943.

Anlage 1 zur Kurzbaubeschreibung Ju 188 G-2.

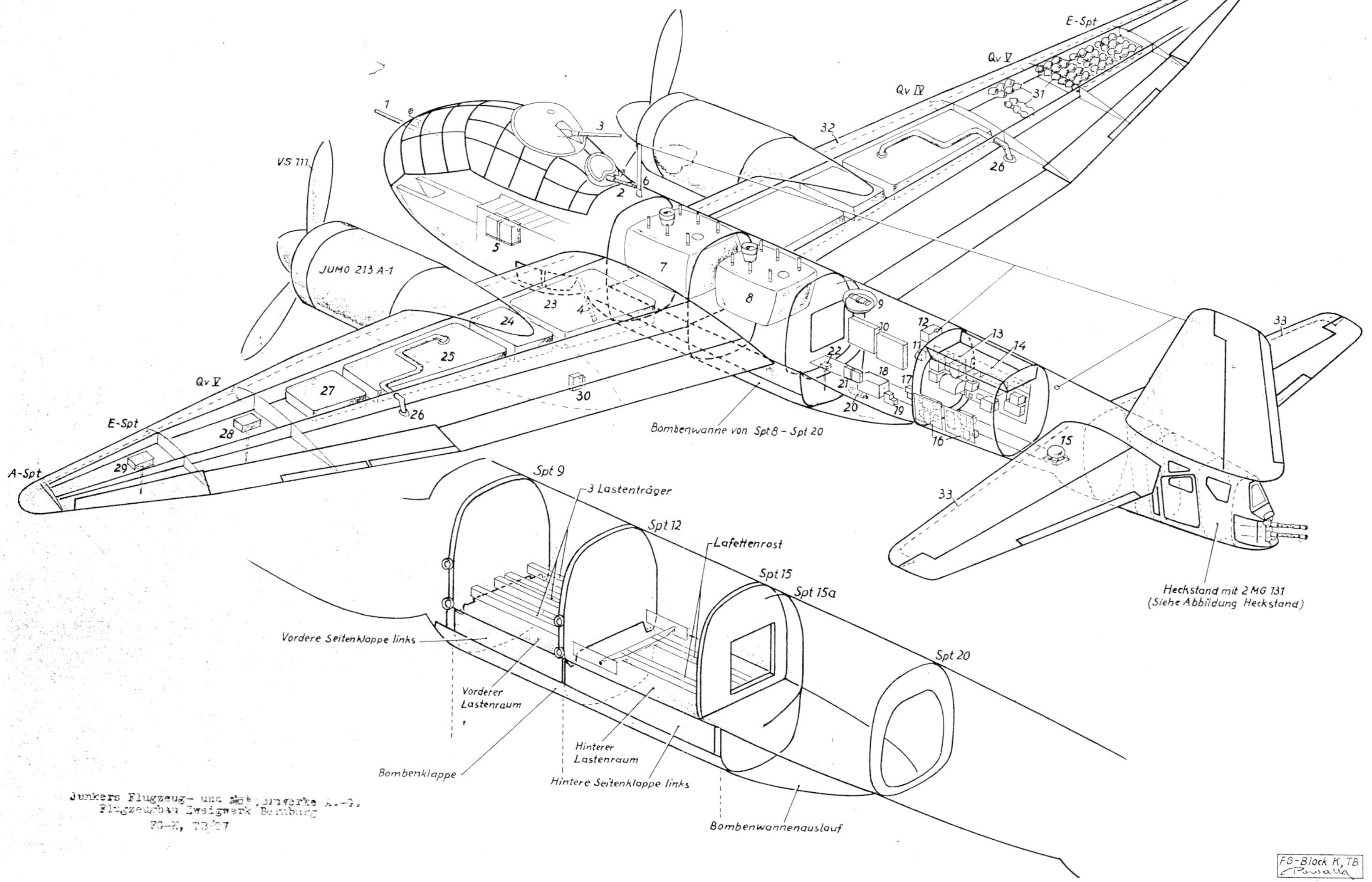

Junkers Flugzeug- und Motorenwerke A.-G.
Flugzeugbau Zweigwerk Bernburg
FG-K, TB/27

FG-Block K, TB

Anlage 2 zur Kurz-Baubeschreibung Ju 188 G-2, H-2

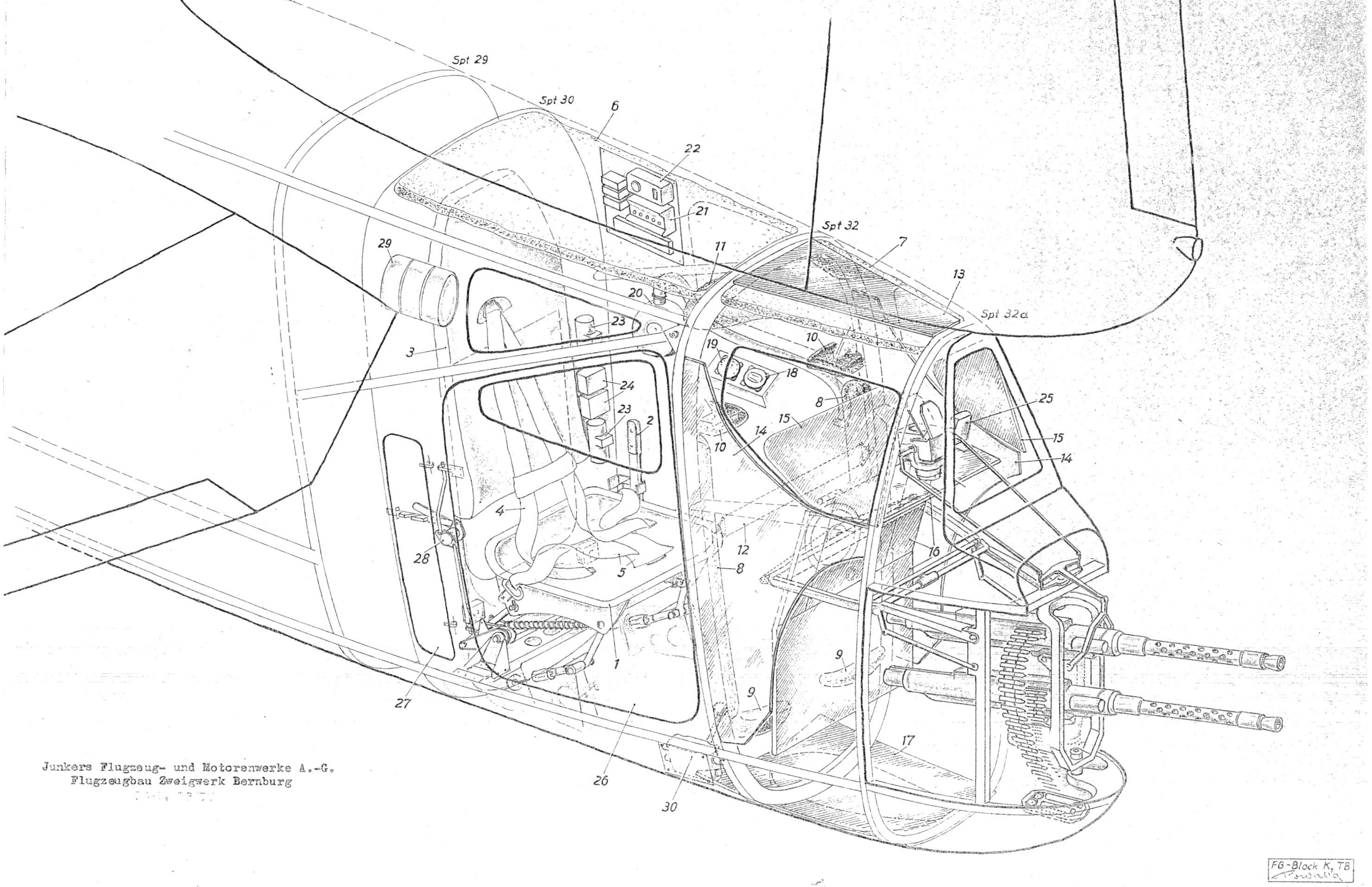

Junkers Flugzeug- und Motorenwerke A.-G.
Flugzeugbau Zweigwerk Bernburg

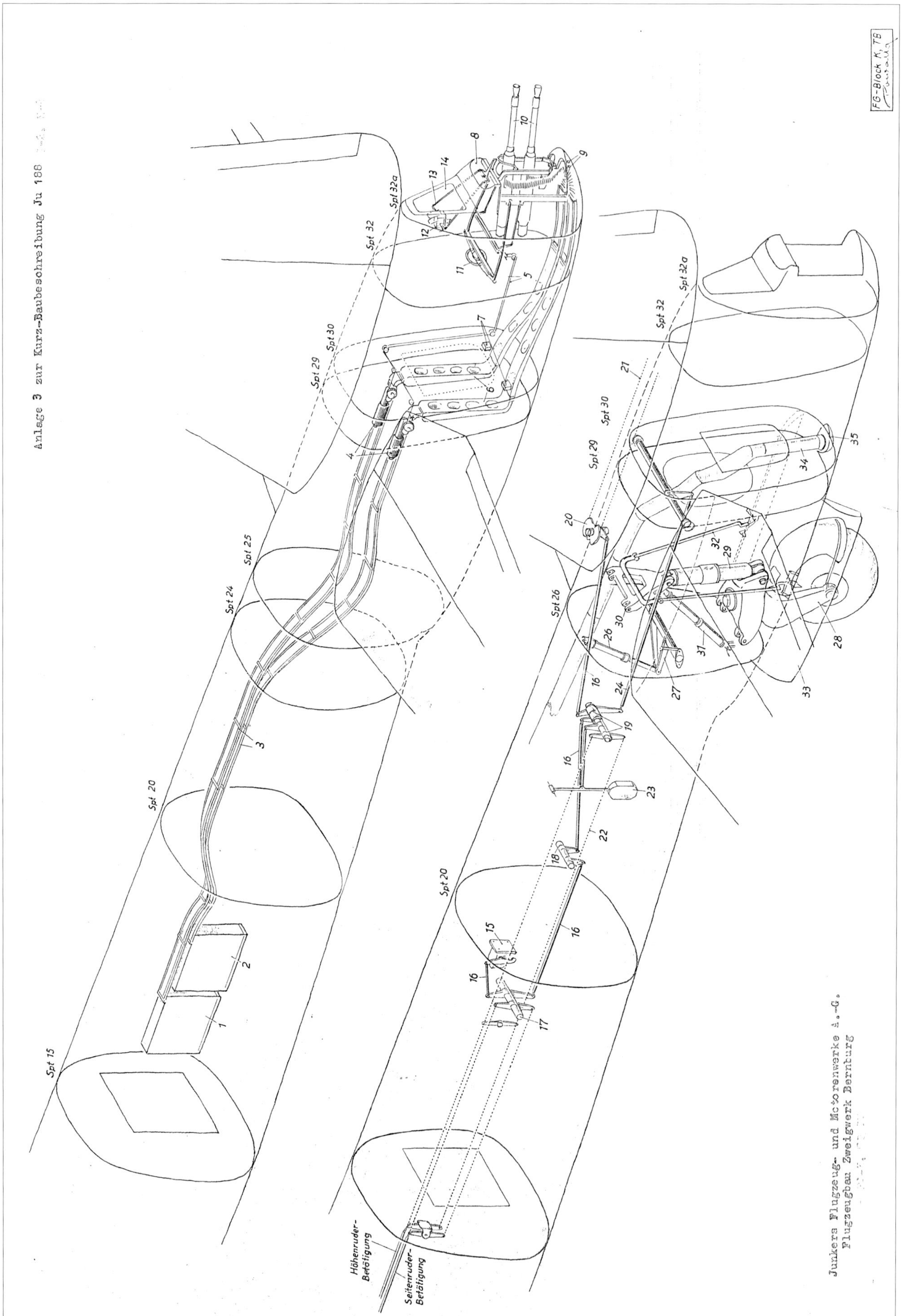
Anlage 3 zur Kurz-Baubeschreibung Ju 188
FG-Block K, TB
Junkers Flugzeug- und Motorenwerke A.-G.
Flugzeugbau Zweigwerk Bernburg
Spt 15
Spt 20
Spt 24
Spt 25
Spt 26
Spt 29
Spt 30
Spt 32
Spt 32a
Höhenruder-Betätigung
Seitenruder-Betätigung

Je nach Einsatzgebiet – Die Variantenvielfalt der Ju 188

Die Luftschlacht um England sollte sich nach der Niederlage des englischen Expeditionsheeres bei Dünkirchen am 4. Juni 1940 zu einem Gradmesser der Waffentechnik der Fliegerverbände entwickeln. Neben dem fliegerischen Können der Piloten erhielten quantitative, jedoch in erster Linie qualitative Aspekte den Vorrang.
Mit der »Operation Seelöwe«, deren Befehl Adolf Hitler nur einige Wochen später, am 16. Juli 1940, unterzeichnete, begannen die Vorbereitungen für den Angriff auf die Insel. Eine besondere Rolle fiel dabei der Luftwaffe zu. Die fliegenden Kampfverbände sollten nicht nur die Versorgungsverbindungen zur See unterbrechen, sondern auch die Rüstungszentren, Militärstützpunkte, Hafenanlagen und vor allem das Radar-Frühwarnsystem, die sogenannten Chain Home Stations, ausschalten.

Nachdem Hitlers »Friedensnote« vom 19. Juli 1940 an England von Churchill unbeantwortet geblieben war, begann eine Luftschlacht, die von beiden Seiten von Beginn an mit einer unbeschreiblichen Härte und Ausdauer geführt wurde. Standen noch zu Beginn der Luftkämpfe von deutscher Seite rund 1400 Flugzeuge insbesondere der Typen Dornier Do 17 Z, Heinkel He 111 H und He 111 P sowie die JFM Ju 87 und Ju 88 zur Verfügung, von englischer Seite rund 800 Flugzeuge in der Mehrzahl vom Typ Hurricane und Spitfire, so veränderte sich das Bild im Laufe der Zeit. Flogen noch anfänglich die englischen Flieger-Staffeln der deutschen Luftwaffe entgegen, um diese bereits über dem Kanal oder der Nordsee im Luftkampf zu stellen, so ließ die Luftabwehr der RAF nun den Gegner bis tief in das Hinterland eindringen. Erst dann begann der Abwehrkampf, den die deutschen Piloten wiederholt wegen Treibstoffmangel abbrechen mussten, damit sie noch ihre Ausgangsbasen erreichen konnten. Erfolgreiche Einsätze im militärtaktischen Sinne konnten die Bomberstaffeln nur noch in überraschenden Dämmerungs- oder Nachteinsätzen fliegen. Der überwiegende Teil der deutschen Luftwaffenverbände war ab dem Sommer 1941 an der Ostfront gegen die Sowjetunion und im Mittelmeer gegen die dort operierenden englischen Kampfverbände eingesetzt. Ein im Westen verbliebener Rest richtete seine Luftangriffe weiter auf die Hafenanlagen der britischen Küste, und bis in den Raum von Schottland hinein. Jedoch wurden vornehmlich die im Aktionsradius der Piloten liegenden Schiffsziele im Atlantik, im Kanal und in der Nordsee bekämpft bzw. Mineneinsätze geflogen.
Hinzu kam die nahezu grenzenlose Ausweitung des Krieges auf dem europäischen und afrikanischen Kontinent. Am 1. September 1942 vermerkt der OKW-Bericht dazu folgende geographische Angaben: »Südlich des unteren Kuban – südlich von Stalingrad – südwestlich von Kaluga – südlich des Ladogasees – im hohen Norden Norwegens – südlich Alexandria und nordwestlich Kairos ...«! Da die taktischen Eindringtiefen der Flugzeuge begrenzt und die Kapazitäten auf dem Gebiet des Lufttransportes bereits ausgeschöpft waren, traten besonders an der »fliegenden Front« die Fehlentscheidungen des OKW in Bezug auf Politik und Kriegsführung deutlich zu Tage. Der Luftkrieg zeigte so seine technischen und logistischen Grenzen auf. Neue Wege mussten beschritten werden.
Daher drängte Göring die Flugzeugindustrie in immer stärkeren Maße, sich durch Neuentwicklungen und Typenveränderungen sowie durch Erhöhung der Fertigungszahlen diesen Kriegsanforderungen zu stellen. Hinzu kamen die gewünschten Spezifizierungen der Flugzeuge entsprechend dem vorgesehenen Einsatzgebiet. Verfolgt man unter diesem speziellen Gesichtspunkt einmal die Entwicklung der Ju 88-Programms und seiner Nachfolger in den Junkers Flugzeug- und Motorenwerken Dessau, so ruft die umfangreiche Bandbreite der einzelnen Großbaureihen mit ihren weit über sechzig Varianten immer wieder Erstaunen hervor. Auch wenn einige Varianten nur als Prototyp gefertigt wurden, so sind doch darin Kapazitäten und Leistungen gebunden. So stellt sich zwangsläufig die Frage, wie war das machbar?
Eine in den JFM Dessau entwickelte Zentrale Steuerung koordinierte und lenkte das gesamte Zellen- und Motorenprogramm. Darin eingeschlossen waren nicht nur die eigenen Flugzeug- und Motorenwerke, sondern auch die Lizenznehmer mit ihren Betrieben, die Reparaturwerften und die Zulieferindustrie. Das Dessauer Stammwerk galt dabei mit seinem Entwicklungs- und Versuchsbau als Musterbetrieb. Mit dieser logistisch bis in das kleinste Detail geplanten Steuerung, in der alle eventuell auftretenden Störfaktoren berücksichtigt und daher nahezu ausgeschlossen wurden, gelang es, mit einer fast militärisch anmutenden Präzision das größte deutsche Flugzeugprogramm mit sichtlichem Erfolg umzusetzen.

Der amerikanische Ozeanflieger Charles Lindbergh besuchte in den dreißiger Jahren mehrfach Deutschland. Natürlich interessierte er sich vorrangig für die Zentren der Luftfahrtindustrie und weilte auch in Dessau. In seinen Lebenserinnerungen äußerte er sich wiederholt lobend über das wissenschaftliche und technische Know-how der Junkerswerke, dass er als das beste seiner Art bezeichnete. Ein wichtiger Aspekt, denn er besuchte nach dem Einmarsch der amerikanischen Truppen in Mitteldeutschland im Frühjahr 1945 speziell das Stammwerk in Dessau und beraubte es seiner berühmten Wissenschaftlichen Junkers-Bibliothek und der Patentsammlung.

Im Februar 1943 verließen die ersten Vorserienflugzeuge der Ju 188 E-Baureihe das Bernburger Montagewerk, ausgerüstet mit dem BMW 801 G, der zwar leistungsschwächer als der spätere Jumo 213 war, jedoch zufriedenstellend vom RLM abgenommen und ab Mai zur Truppenerprobung geschickt wurde. Ihren ersten großen Kampfeinsatz erlebte die Ju 188 E-1 im Oktober 1943 an der Westfront durch das I/KG 6 in Kombination mit Ju 88-Maschinen.

Insbesondere die Spezialaufgaben als schneller Fernaufklärer, der in großen Höhen erfolgreich operieren konnte, und der Einsatz auf dem Gebiet der Schiffsbekämpfung als operativ-taktisch handelnder Torpedoträger ermöglichten den Einsatz der Ju 188 über der Atlantik und der Nordsee. Eine auf Weisung von Milch durch das RLM erarbeitete Studie, wie die Versenkungsziffern im sogenannten Tonnage-Krieg gegen alliierte Schiffsziele zugunsten der Luftwaffe ausfallen müssten, bestätigte im Juni 1942 den Einsatz verbesserter Flugtechnik. Daher sprach man sich auf der Generalluft-

Eine JFM Ju 188 A-2 wird auf ihren Kampfeinsatz vorbereitet. Die Anbringung der Bombenlast galt für die Einsatztruppe als Motivationstraining.

Start einer Ju 188 F-2.

Ju 188 G-O, Versuchsträger mit bemanntem Heckstand.

Fernaufklärer Ju 188 F-1.

zeugmeister-Besprechung vom 29. Juli 1942 für den Einsatz der Ju 188 aus. Sie war schneller sowie auch wendiger und besaß einen größeren Operationsradius bezüglich ihrer Eindringtiefe als die Flugzeugmuster der JFM Ju 88-Baureihen und der Dornier Do 217. So sollte zur Bekämpfung von Seezielen in der Nordsee bereits ab März 1943 mindestens eine Gruppe Ju 188 eingesetzt werden. Doch dieser geplante Einsatz verzögerte sich aufgrund des noch nicht einsatzbereiten Jumo-Triebwerkes. Neben der moralischen Motivierung der Piloten durch den Einsatz neuer Waffentechnik, veränderte sich auch deren Leistungsfähigkeit. Daher wurde der Befehl, »die Ostküste ordentlich vorzunehmen, denn die Ostküste ist an sich der nahrhafteste Punkt für den Einsatz, vorausgesetzt, dass man sich der Jäger erwehren kann«, auf dem Gebiet der Schiffsbekämpfung von den Piloten auch konsequent befolgt.

Mit der Indienststellung der Ju 188 A erhoffte sich die fliegende Truppe eine wesentliche Verbesserung der sich seit 1941 immer mehr abzeichnenden Luftlage. Doch der bereits erwähnte dafür vorgesehene leistungsstärkere Jumo 213 war noch nicht einsatzbereit. Daher griff man auf den BMW 801 G-2 (Triebwerksanlage 9-8801 C-2 mit VDM Luftschraube) zurück und zog die bereits genannte Ju 188 E-Baureihe vor. Parallel dazu ging die F-Baureihe, ein Fernaufklärer, in Serie. Erst danach folgte die A-Baureihe mit dem Jumo 213-Motor. Die Entwicklung des Jumo 213, einem der besten Hochleistungs-Flugmotore die je gebaut wurden, lag in der Verantwortung von Dr.-Ing. August Lichte. Speziell für diesen Motor konstruierte er eine neuartige Füllungsregelung mit Einhebelbedienung, die sich hervorragend bewährte. Obwohl zwischen 1943 bis 1945 über 9000 Flugmotore diesen Typs vom Fließband gingen, kam es wiederholt zu kriegsbedingten Ausfällen. Auf Weisung des RLM war daher die Triebwerksaufhängung so gestaltet worden, dass wahlweise BMW- oder Jumo-Motoren zur Anwendung kommen konnten. Auf die Sturzfluganlage wurde später bei allen Baureihen zugunsten einer wenn auch nur geringfügigen Geschwindigkeitserhöhung verzichtet. Auch war die Zeit der Sturzflüge vorbei und die Luftwaffe passte sich auf diesem Gebiet der veränderten Luftkampfsituation an.

Zwischen dem Mittelmeerraum und den tiefen Fjorden im hohen Norden Skandinaviens kam die Ju 188 zum Einsatz. Daher gehörte die Tropenausrüstung, die Seenotausrüstung und die Winterausrüstung zu dem Standard an Umrüstsätzen. Neben der erwähnten klimatisierbaren druckfesten sphärischen Flugkanzel waren im Kabinendach je nach dem Einsatzgebiet Sonnenschutzblenden bzw. im vorderen Sichtbereich des Führerraumes beheizbare Nordlandscheiben angebracht. Als weitere Sicherheit besaß jedes Besatzungsmitglied eine separate Sauerstoffzuführung für seine Atmungsanlage. Die Bordinstrumentierung einschließlich der Bombenvisier- und Bordwaffeneinrichtung, das Funkmessgerät mit Zusatzgeräten für den Nachtflug, die Funk- und interne Sprechanlage einschließlich des Funkleitstrahlsystems waren wichtige qualitative Elemente, die im Luftkampf eine existenzielle Sicherheit der Besatzung darstellten. In Verbindung mit den guten Flugeigenschaften, auch bei extremen Witterungsbedingungen, gelang es den Piloten unter Ausnutzung der günstigen Kampfwerteigenschaften der Ju 188, gepaart mit fliegerischen Können bzw. Wagemut an einigen Frontabschnitten sich teilweise noch zu behaupten.

Trotz der militärischen Erfolge im Einsatz auf gegnerische Seeziele und bei der Unterstützung im Bodenkampf war die zweimotorige Ju 188 nur ein Bombenflugzeug der mittleren Klasse. Hinzu kam es wiederholt zu Parallelentwicklungen in der deutschen Luftrüstung. So galt die Heinkel He 219 im Nachtjägereinsatz als das Konkurrenzmuster zur Ju 188. Einen Wendepunkt im Luftkrieg hätten spätestens ab 1942 nur viermotorige strategische Langstreckenbomber erreichen können, doch die waren nicht einsatzbereit. Außerdem unterschätzten die verantwortlichen Generale des RLM bereits ab dem Zeitpunkt der Indienststellung der Ju 188 und ihrer Übernahme durch die Luftwaffe die logistischen Anforderungen, die an die Bodenorganisation und im besonderen an die Rückwärtigen Dienste gestellt wurden. So stieg der Raumbedarf für die Wartungstechnik auf den Fliegerhorsten im Vergleich zur Ju 88 um 100%. Diese Aussage traf analog auch auf die Neuentwicklungen der anderen Flugzeugfirmen zu. Hinzu kamen noch bauliche Maßnahmen wie zusätzliche Depot- und Lagerräume sowie erhebliche Rollbahnverlängerungen, die sich speziell für die Heinkel He 177 und später für die Messerschmitt Me 163 und Me 262 notwendig machten.
Ein für Anfang Januar 1945 im Rahmen des Unternehmens »Drachenhöhle« geplanter Angriff des II./KG 200 auf Scapa Flow mit 15 Mistel-Gespannen und mehreren Bomberstaffeln, u.a. der Ju 188, fiel sprichwörtlich dem Wetter zum Opfer. Durch eine vom Atlantik kommende Schlechtwetterfront verzögerte sich der Angriffstermin mehrfach. Diesen Umstand der günstigen Windrichtung für die englischen Bomber und der niedrigen dichten Wolkendecke nutzte die RAF aus und zerstörte während eines Tieffliegerangriffs die aufgrund ihrer großen Ausmaße schlecht zu tarnenden Mistel-Flugzeuge sowie eine Reihe von Bombern noch auf den Feldflugplätzen ihrer Einsatzbasis.

Ende Februar 1945 realisierten Junkersmonteure auf einem Fliegerhorst bei Ballenstedt im Harz ein Vorhaben, in das sie noch alle ihre Hoffnungen setzten, das jedoch den Ausgang des Krieges in keinerlei Weise mehr beeinflussen sollte. Neben der bereits laufenden Mistel-Flugzeugproduktion bei den JFM, die sich im wesentlichen im Nordostteil des Harzes zwischen Nordhausen/Kohnstein und Halberstadt/ Aschersleben konzentrierte, sollten noch weitere Varianten gebaut werden. So entstand das sogenannte Mistel 4-Gespann, die Kombination aus einer Ju 188 als »Flugzeugbombe« mit einer Me 262 als »Leitflugzeug«. Zu einer Erprobung kam es jedoch nicht mehr, da die erforderlichen Jumo 004-Triebwerke nicht termingerecht zur Verfügung standen. Unmittelbar vor dem Eintreffen der amerikanischen Truppen wurde das Mistel-Gespann weisungsgemäß von dem verantwortlichen Flugzeugmonteur im Beisein von zwei Offizieren der Wehrmacht durch Sprengung zerstört.

Vorderansicht der Ju 188 F-1.

Ju 188-Maschinen auf einem Feldflugplatz in Norwegen, Sommer 1944.

Flugzeugmuster

Baumuster Ju 188 E-1 Land: D

Baujahr: Verwendung Bomber, Aufklärer, Torpedoflugzeug

Motor BMW 801 G-2

Leistung 2 x 1740 = 3480 PS Startlstg.

A b m e s s u n g e n

Länge 14,96 m Spannweite 22 m

Höhe 4,90 m Flügelfläche m²

G e w i c h t e

Rüstgewicht kg Flächenbelastung kg/m²

Zuladung kg Leistungsbelastung kg/PS

Fluggewicht 14000 kg Flächenleistung PS/m²

L e i s t u n g e n

Abhebegeschwindigkeit 175 Km/h

Höchstgeschwindigkeit km/h Landegeschwindigkeit km/h

in km Höhe km/h Steigzeit m min

in km Höhe km/h auf km min

auf km min

Reisegeschwindigkeit km/h Dienstgipfelhöhe m

in 0,3 km Höhe 385 km/h

in km Höhe km/h Reichweite 1100 – 2400 km

Rollstrecke 650 m bis 20 m Höhe 1100 m. Kraftstoffverbrauch bei Sparlstg.

" in 500 m Höhe 260 l/h/Motor

" " 4000 " " 270 l/h/Motor

Ölverbrauch 6/l/h und Motor

Baumusterbeschreibung der Ju 188 E-1.

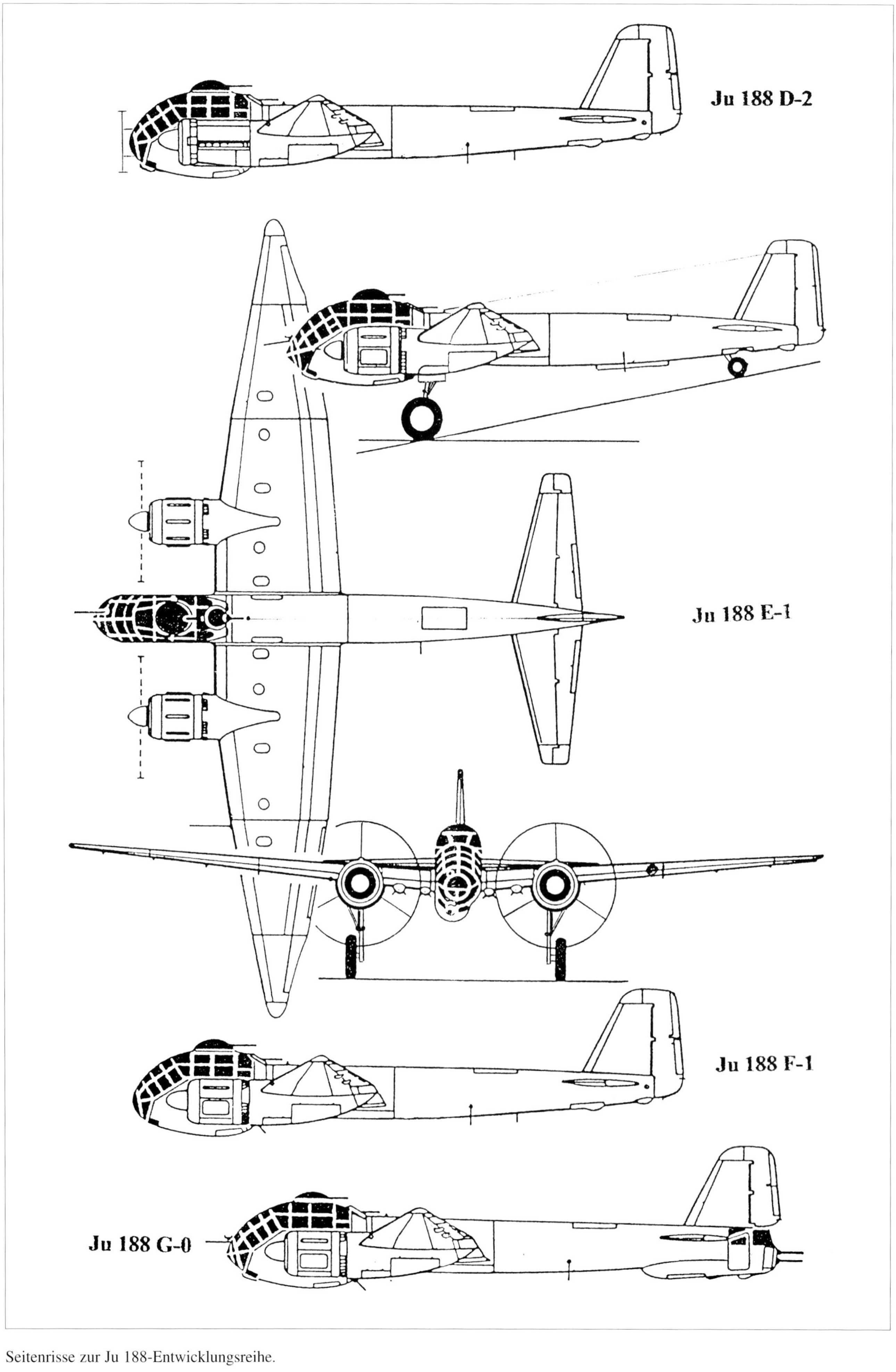

Seitenrisse zur Ju 188-Entwicklungsreihe.

Stammbaum der JFM Ju 188-Baureihen

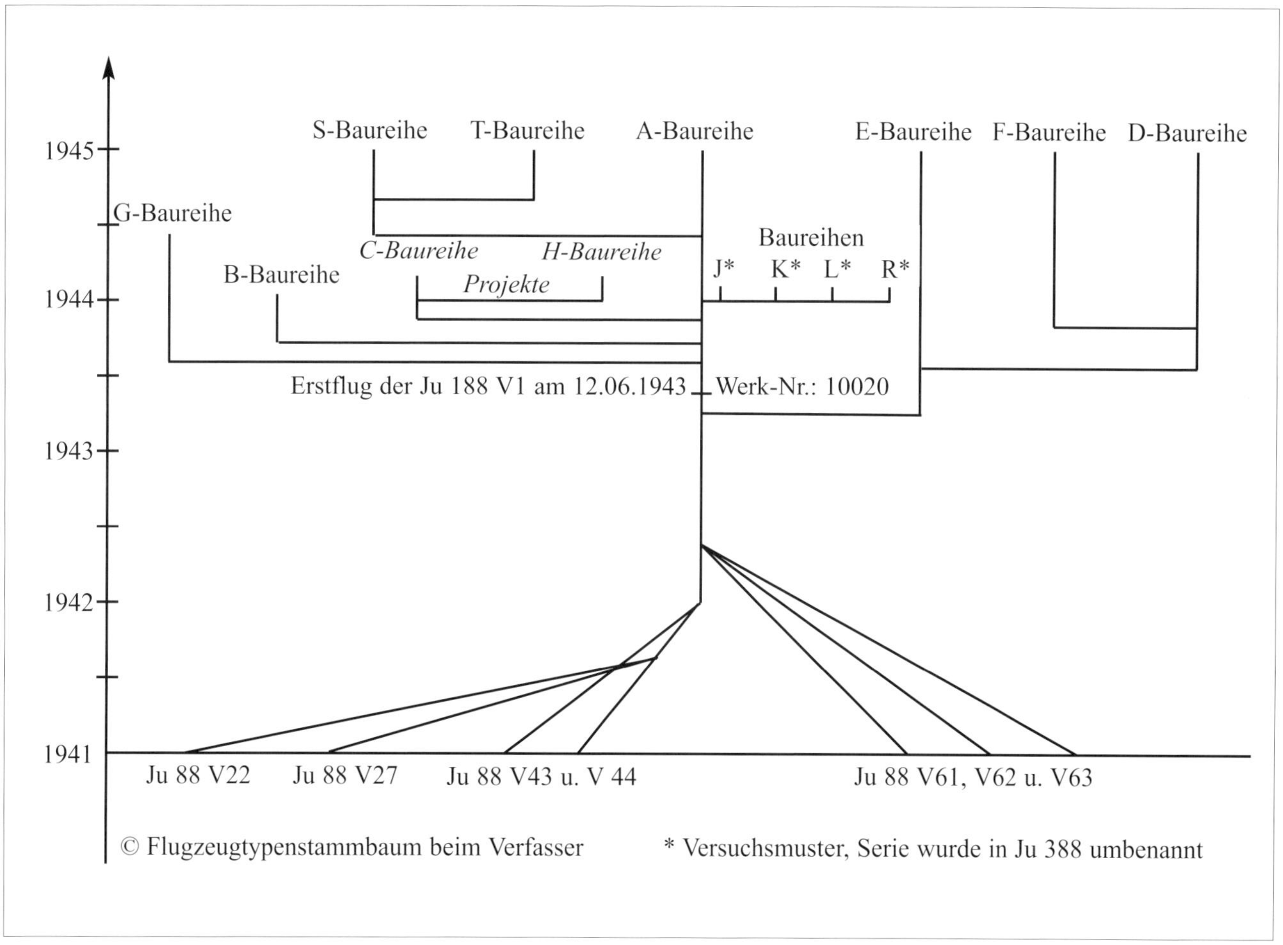

Version	Einsatz	Motor	Charakteristik bzw. Bewaffnung
		Baureihe: A	
Ju 188 A-0	Horizontalbomber	2 x Jumo 213 A-1 mit je 1306 kw (1776 PS) Startleistung mit 1177 kw (1600 PS) in 5500 m Höhe	Vorserienausführung, die A-Baureihe ging erst nach der E-Baureihe in Serie. Bombenlast: 16 x SD 65 im Rumpf 2 x 1000 kg oder 4 x 500 kg-Bombenlast an ETC-Außenträgern
Ju 188 A-1	Horizontalbomber und Bahn-neigungsbomber	2 x Jumo 213 A-1	Wie A-0 Bauserie, jedoch mit eingebauter Sturzflugbremse. Einzelmuster, ging nicht in Serie.
Ju 188 A-2	Horizontalbomber und Bahn-neigungsbomber	2 x Jumo 213 A-1 mit zusätzlicher Einspritz-anlage und Verstell-schraube VS 111	Entspricht der A-0 Bauserie, jedoch mit verbesserter Motorenleistung
Ju 188 A-3	Horizontalbomber	2 x Jumo 213 A-1	Wie A-0, jedoch als Torpedoträger ausgelegt mit: 2 x LT 1B mit je 800 kg oder 2 x LT 5Fb mit je 765 kg FuG 200 "Hohentwiel" und Suchradar
		Baureihe: B	
Ju 188 B-2	Horizontalbomber und Bahn-neigungsbomber	2 x Jumo 211 J mit je 1040 kw (1420 PS)	Wie A-2, jedoch mit anderen Motor, dadurch verringerte Bombenlast. Ausweichserie, wenn Jumo 213 nicht vorrätig war.
		Baureihe: C	
Ju 188 C-0	Horizontalbomber	2 x Jumo 213 A-1	Atrappenbau, entspricht der A-2, jedoch mit einem vergrößerten Rumpfheck und Verstärkung der Zellein diesem Bereich, da Mustereinbau eines fergesteuerten Heckstandes mit 2 x MG 131. Ging nicht in Serie.
		Baureihe: D	
Ju 188 D-0	Fernaufklärer	2 x Jumo 213 A-1	Vorserienmuster, ohne Bugbewaffnung im A-Stand, durch zwei zusätzliche Abwurfbehälter mit je 300 l Kraftstoff, nur dreiköpfige Besatzung. Kameraausstattung für Tag- und Nachtaufklärung: 2 x Rb 50/30 oder 75/30 bzw. 2 x NRb 40/25 oder 50/25
Ju 188 D-1	Fernaufklärer	2 x Jumo 213 A-1	Wie D-0, Maschine ganz auf Reichweite und Geschwindigkeit ausgelegt, 3400 km, zwischen 480 und 540 km/h in 6000 m Höhe.
Ju 188 D-2	Fernaufklärer	2 x Jumo 213 A-1	Entspricht D-0, jedoch als Seeaufklärer vorgesehen, daher zusätzlich mit dem FuG 200 "Hohentwiel" ausgestattet.
		Baureihe: E	
Ju 188 E-0	Horizontalbomber und Bahn-neigungsbomber	2 x BMW 801 ML mit je 1177 kw (1600 PS)	Vorserienmodell, entspricht in der Ausstattung der Ju 88 A-4, jedoch bereits mit neuer Sichtkanzel, verlängerter Tragfläche und 4 Mann Besatzung.

Version	Einsatz	Motor	Charakteristik bzw. Bewaffnung
Ju 188 E-1	Horizontalbomber und Bahn-neigungsbomber	2 x BMW 801 G-2 Triebwerksanlage 9-8801 G-2 mit VDM-Luftschraube	Kotu-Nase an der vorderen Kanzelspitze und an beiden Tragflächen-Vorderkanten. Bewaffnung: A-Stand: 1 x MG 151 mit 2 mm - Lauf für starren und beweglichen Beschuss im Kardan gelagerter Lafette. Munition: 250 Schuss B1-Stand: 1 x MG 131 in großer Linsenlafette. Munition: 500 Schuss B2-Stand: 1 x MG 131 in einer Drehringlafette. Munition: 500 Schuss C-Stand: 1 x MG 81Z in einer Walterlafette Munition: 1000 Schuss für jeden Lauf Für beide B-Waffenstände kam ein begurteter Vorrat von 500 Schuss zusätzlich verwendet werden. Bombenträger: M1 (vorderer Lastraum) M2 (hinterer Lastraum) M8 (links und rechts) mit Schloss 500 bzw. 1000 bis 2000 M14 mit ETC 500 M15 mit ETC 500
Ju 188 E-2	Horizontalbomber und Bahn-neigungsbomber	2 x BMW 801 G-2 je 1740 kw (3480 PS)	Wie E-1, jedoch Führerseite nach oben vergrößert, neuer Funkersitz, Spant 8n nach hinten verlegt, veränderte Steuerungslagerung im Spant 9. Veränderung am Waffenstand B-2 und C, verstärktes Fahrwerk, Bewaffnung wie A-3.
		Baureihe: F	
Ju 188 F-0	Fernaufklärer	2 x BMW 801 G-2	Wie D-0, außer Bildgeräte wie in der Ju 88 D-1, jedoch mit verbesserter Optik.
Ju 188 F-1	Fernaufklärer	2 x BMW 801 G-2 Triebwerksanlage 9-8801 C-2 mit VDM Luftschraube	Wie D-0, Bewaffnung wie E-1.
Ju 188 F-2	Fernaufklärer	2 x BMW 801 G-2	Wie F-1, jedoch Änderungen wie unter E-2 und FuG 200 "Hohentwiel"
		Baureihe: G	
Ju 188 G-0	Horizontalbomber	2 x Jumo 213 A-1	Versuchsträger, entspricht der A-2, jedoch mit stark veränderten und verstärkten Rumpfheck, für die Aufnahme eines bemannten Heckstandes, ging nicht in Serie.
Ju 188 G-1	Horizontalbomber	2 x Jumo 213 A-1	Wie G-0, jedoch ohne bemannten Heckstand, dafür die Weiterentwicklung der 2 x FA 15 Hecklafette.
Ju 188 G-2	Horizontalbomber	2 x Jumo 213 A-1	Prototyp, wie G-0, jedoch mit ergonomisch angepassten Heckstand und neuer Bomben-Abwurfanlage.
Ju 188 G-3	Horizontalbomber	2 x Jumo 213 A-1	Wie G-1, jedoch als Torpedoträger vorgesehen, Bewaffnung wie A-0.

Version	Einsatz	Motor	Charakteristik bzw. Bewaffnung
		Baureihe: H	
Ju 188 H	Fernaufklärer	2 x Jumo 213 A-1	Entsprach der C-Version, jedoch als verbessertes Projekt mit Reichweitenerhöhung
		Baureihe: J	
Ju 188 J	Zerstörer und Nachtjäger	2 x Jumo 213 A-1oder 2 x BMW 801 J-0	Projekt wurde in gewichtsreduzierter Form als Ju 388 J gebaut.
		Baureihe: K	
Ju 188 K	Horizontalbomber	2 x Jumo 213 A-1oder 2 x BMW 801 J-0	Projekt als schneller Horizontalbomber, später als Ju 388 K gefertigt.
		Baureihe: L	
Ju 188 L	Höhenaufklärer	2 x Jumo 213 E-1mit je 1285 kw (1750 PS)	Projekt als Höhen- und Fernaufklärer für Tag- und Nachtflüge, später als Ju 388 L gebaut.
		Baureihe: R	
Ju 188 R	Nachtjäger	2 x Jumo 213 E-1oder 2 x BMW 801 J-0	Projekt speziell für den Nachteinsatz mit Zusatzbewaffnung "Schräge Musik", sollte später als Ju 388 R in Serie gehen.
		Baureihe: S	
Ju 188 S	Schnellbomber	2 x Jumo 213 C-1 oder 2 x Jumo 213 E-1	Entsprach in seiner Konfiguration der Ju 188 A-2, jedoch mit neugestalteter Vollsichtkanzel wie bei der späteren Ju 388 K, aber mit verbesserter Motorleistung Bombenträger: M 1 (vorderer Lastraum) M 2 (hinterer Lastraum) Bewaffnung: 1x BK5 in der Bodenwanne für starren Beschuß in Flugrichtung (Sonderausführung zur Panzerbekämpfung
		Baureihe: T	
Ju 188 T	Höhenaufklärer	2 x Jumo 213 C-1 oder 2 x Jumo 213 E-1	Projekt eines verbesserten Höhen und Fernaufklärers, ging nicht in Serie.

Ein Beispiel der Technokratie – Zur Bewaffnung der Ju 188

Während einer propagandistischen Großveranstaltung im Berliner Sportpalast am 5. Juni 1943 führte Albert Speer in seiner Funktion als Reichsminister für Bewaffnung und Munition aus: »... Wir werden der Front neue Waffen, neue Panzer, Flugzeuge und U-Boote in einer Zahl zur Verfügung stellen, die es unserem Soldaten mit seiner persönlichen unübertrefflichen Überlegenheit als Kämpfer gegen unsere Feinde ermöglicht, diesen Kampf nicht nur zu bestehen, sondern endgültig zu siegen.«
Wesentliche Teile dieser Rede übertrug wiederholt der Junkers-Werkfunk im JFM-Stammbetrieb, aber auch in den Zweigbetrieben und in der JFM-Werkzeitung »Der Propeller« veröffentlichte man Passagen dieser Rede. Zahlreiche Mitarbeiter erinnerten sich noch nach über fünfzig Jahren an dieses Ereignis und berichteten, wie sie in ihrer täglichen Arbeit, die teilweise zwölf Stunden am Tag betrug, hinzu kamen noch Sondereinsätze und die ständigen Fliegerangriffe der alliierten Bomberverbände, die ihnen gestellten Aufgaben erfüllen konnten. Es war eine schwere Zeit und man war sich dieser von Speer gestellten Zielstellung bewusst, da es die Schicksalsfrage der Deutschen werden sollte.
Gerade die in der Rüstungsindustrie Beschäftigten erkannten ihre »Stellung an der Heimatfront« und unternahmen alle Anstrengungen, die immer höher gestellten Anforderungen durch eine fach- und qualitätsgerechte Arbeit zu erfüllen und stellenweise noch zu überbieten. Speziell auf dem Gebiet der Flugtechnik und ihrer Bewaffnung musste vieles geschehen, da es um die Wiedererringung der Lufthoheit an der Front ging. Zwar war diese an einigen Frontabschnitten partiell noch vorhanden, in der Summe indes war sie bereits verloren. Von der Lufthoheit hing jedoch entschieden der weitere Kriegsverlauf ab.
So ist es verständlich, dass während der General-Luftzeugmeister-Konferenz am 19. Juli 1943, auf der über die Schnellbomber-Planung bis 1949 gesprochen wurde, der Oberst im Generalstab und Chef der Amtsgruppe Entwicklung von fliegerischem Gerät, Georg Pasewaldt, in Anwesenheit von Milch und anderen hochrangigen Experten folgenden Standpunkt vertrat: »...auch in den Jahren 1945 und 1946 sind wir in dieser Klasse auf die Ju 188 angewiesen. Wir bekommen keine Entlastung durch die größeren Maschinen, da das zu wenig sind, und auch nicht durch die schnelleren Flugzeuge, die wir nötig haben, weil die reichweitenmässig und bombenmässig absinken. Vom Navigatorischen und dergleichen sehe ich einmal ab, obwohl auf diesen Gebieten auch noch Schwierigkeiten liegen. Ich bin also der Meinung, wir brauchen das mittlere Kampfflugzeug in der bestmöglichen Form auch noch in den drei nächsten Jahren.«
Mit diesen Sätzen bestätigt sich erneut die eingangs geschilderte Fehleinschätzung in den taktischen Aufgaben der Fliegerkampfverbände der deutschen Luftwaffe, die sich durch das zögerliche Verhalten des RLM und des Generalstabes, aber im besonderen durch das eigensinnige Vorgehen von Adolf Hitler und Hermann Göring nun zu unüberwindbaren Problemen führen musste. Die von deutscher Seite seit Beginn des Krieges stets offensiv geführten Militärhandlungen gerieten ab 1942/43 immer mehr in die Defensive und weiteten sich zu Abwehrmaßnahmen aus.
Daher war die Weiterentwicklung der JFM Ju 88 ab 1941 zur Ju 188 als eine in dieser konkreten Situation sogar dringend notwendige Maßnahme zu betrachten, und angesichts der hohen Verluste an der fliegenden Front war sie sogar von existenzieller Bedeutung.
Neben der ständigen Verbesserung der Antriebstechnik besaß die Bewaffnung absolute Priorität. Ein Vergleich der Waffenträger an der Ju 88 zwischen 1940 und 1944 bzw. an der Ju 188 von 1942/43 lässt den qualitativen und auch zeitlichen Sprung in der Mechanisierung bzw. Automatisierung der Technik, des Kalibers und der Schußfolge erkennen. Lag die Schußfolge zunächst im Durchschnitt bei ca. 750 Schuß/min, so erhöhte sie sich auf über 1400 Schuß/min. Hinzu kam die permanente Anpassung der Geschosse bezüglich ihres Wirkungsgrades auf Durchschlagskraft bzw. Splitterwirkung. Ab 1944 lagen sogar konstruktive Vorschläge und Versuchsreihen vor, im vorderen Rumpf der Ju 88 bzw. Ju 188 auch Waffenbehälter für Raketen unterzubringen.
Bei all dieser Perfektionierung der Bordwaffentechnik, für die im JFM-Stammwerk in Dessau von der Konstruktionsseite vordringlich der Diplomingenieur Gustav Steuerlein zuständig war, galt es im besonderen auch die Besatzung gegen »Feindeinwirkung«, wie es im Fachgebrauch der damaligen Zeit hieß, zu schützen. Durch Anbringung bzw. durch das Einschieben von Panzerplatten im sphärischen Innenbereich des Führerraumes bestand so die Möglichkeit, die Besatzung gegen Geschosssplitter zu schützen. Natürlich bedeutete eine solche Schutzmaßnahme eine Reduzierung an Geschwindigkeit und Nutzlast des Flugzeuges. Daher erfolgte diese Maßnahme nur teilweise und war jeweils vom taktischen Einsatz der Maschine abhängig.
Eine besonderes Augenmerk bei der Bordwaffenanordnung galt neben der bereits genannten aerodynamischen Untersuchung der Waffenstände im Windkanal hinsichtlich vermeidbarer Wirbelströme, die zwangsläufig immer zu Lasten der Geschwindigkeit gingen und auch einen gewissen Einfluss auf das Flugverhalten der Maschine in bestimmten Situationen ausüben konnten, dem ablenkungsfreien Geschossaustritt. Versuche ergaben, daß bei einer Schußrichtung quer zur Flugrichtung ab einer bestimmten Fluggeschwindigkeit durchaus Trefferabweichungen auftreten, die nicht immer durch eine Visierveränderung ausgeglichen werden konnten. Abhilfe brachte eine kleine Metallfläche, die seitlich zur Flugrichtung unmittelbar oberhalb des Geschossaustrittskanal in Form eines Windausgleichers angebracht wurde. Dies traf konkret für die Drehlafette DL 131/10 im Waffenstand B zu.
Aerodynamisch verkleidet in Form einer sogenannten Hutze waren auch die Austrittslöcher für die leeren Geschosspatronen an der Rumpfseite bzw. in der Bodenwanne. Speziell am Waffenstand C ist diese Verkleidung gut ersichtlich. Da in der Waffentechnik an Bord der Ju 188 ausschließlich Gurtbandmunition zur Anwendung kam und deren Zuführung durch meterlange flexibel geformte Schläuche bzw. Kanäle erfolgte und die Leerpatronen unmittelbar über einen Schacht direkt aus dem Flugzeug abgeleitet wurden, kam der Bordschütze nur noch indirekt und ggf. durch den Kassettenwechsel unmittelbar mit der Munition zusammen. Zusätzliche Gurtförderer erleichterten das Nachführen der langen Munitionsgurte. Aus Schwerpunktgründen war der über-

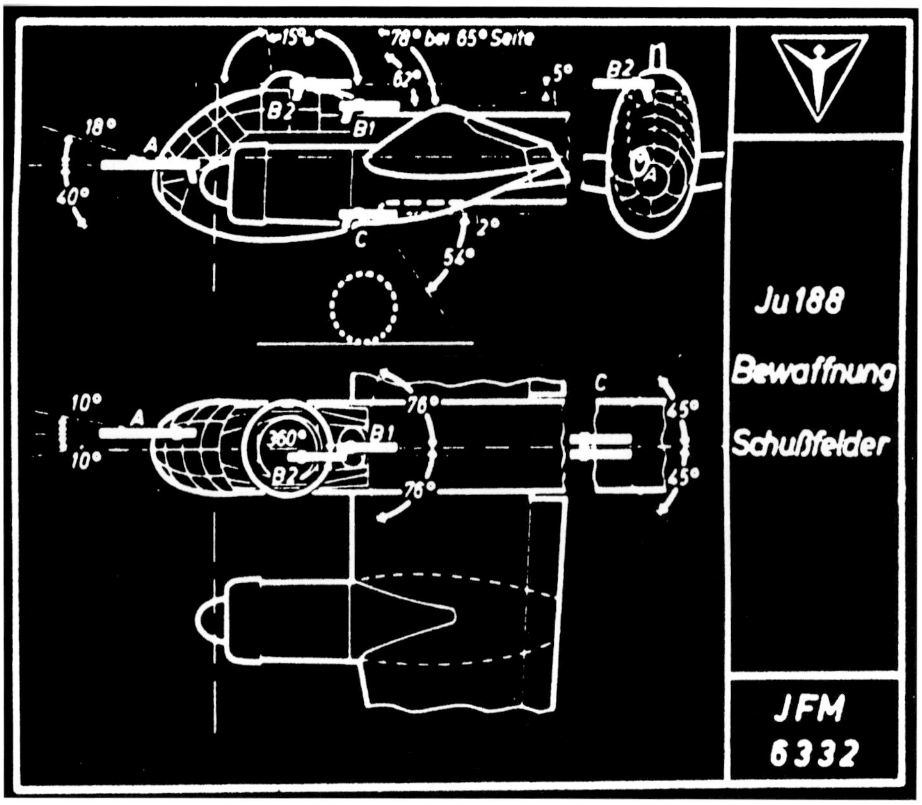

Bewaffnung und Schußfelder der Ju 188.

Erweiterter A-Stand eines Ju 188-Zerstörers, Attrappenbau.

wiegende Teil der Munition im Rumpf der Maschine untergebracht. Nur ein geringer Teil der Munition, zumeist in Gurtkassetten, lagerte unmittelbar im MG-Stand. Der Antrieb der Waffenstände und das Richten des Kampfgerätes erfolgte elektrisch oder hydraulisch. So konnte sich der Schütze voll auf das Kampfgeschehen konzentrieren.

Ende 1943 wurden in der RLM-Erprobungsstelle Tarnewitz an der Bucht von Wismar mit einer Ju 188 Testversuche mit neuartigen Schußwaffen durchgeführt. Bereits ab 1937 erfolgten dort unter größter Geheimhaltung erste Versuche zur Bewaffnung von Flugzeugen mit Raketen. Eigens dazu hatte die Firma Rheinmetall-Borsig in Berlin-Tegel eine Rakete vom Typ RZ 65, Rundzylinder vom Kaliber 73 mm, für Flugzeuge entwickelt. Mit einer raketenbestückten Ju 188 untersuchte man in mehreren Versuchsserien den Einsatz gegen Eisenbahnzüge und leichte Seeziele. Trotz einer befriedigenden Trefferquote, die im besonderen durch die große Splitterwirkung der Raketen erreicht werden konnte, setzte sich diese Waffentechnik nicht durch. Die Erprobung weiterer raketengetriebener Flugkörper, zum Teil auch mit Fernlenkung, erfolgte auch mit der Ju 188, kam jedoch über die Mustererprobung nicht hinaus.

Während ihres Fronteinsatzes in den unterschiedlichsten Kampfgebieten stellte sich bei der Ju 188 trotz ihrer verbesserten Kampfwerteigenschaften eine allgemeine Schwachstelle in der Abwehrbewaffnung heraus. Wie bei allen Ju 88-Baureihen war auch bei der Ju 188 unmittelbar hinter dem Leitwerk ein sogenannter toter Winkel vorhanden, der nicht im Schußradius lag. Abhilfe sollte eine ferngesteuerte Hecklafette vom Typ FA 15 mit zwei übereinander angeordneten 13-mm-MG 131 bringen. Da sich trotz Attrappenbau und eines speziell dafür entwickelten Schießstandes im Junkersstammwerk in Dessau kein befriedigendes Ergebnis abzeichnete und das RLM auf eine Lösung drängte, entstand das Projekt eines bemannten Heckstandes. Mittels verschiedener Attrappen erfolgte die konstruktive Umsetzung des Vorhabens. Nachdem die ergonomischen Probleme des Heckschützen in Verbindung zum Waffenträger und seine Sicherheit bei Havarie oder Feindbeschuß durch den Versuchsbau geklärt waren, begann nach Abschluss der parallel dazu erfolgten Windkanalversuche die statische und flugtechnische Erprobung. Dazu diente eine Ju 88 A-4 als Versuchsträger. Die praktischen Flugversuche verliefen nicht zufriedenstellend, so dass die bemannte Heckstandlösung bei der Ju 188 nicht zum Fronteinsatz kam. Als Alternative zu der leitwerkbedingten Schußfeldbegrenzung hinter dem B 1-Stand konnte durch eine konstruktive Neuerung der Antennenmast während der Kampfhandlungen durch eine Teleskopschiene elektrisch abgesenkt werden. Erst die veränderte Leitwerkkonstruktion bei der Neuentwicklung der Ju 288 brachte eine Verbesserung im Schußradius.

Im Verlauf des Krieges hatte man die Waffentechnik teilweise so perfektioniert, das auf den Menschen als Schützen nur noch die Aufgabe des Anvisierens und des Schiessens zukam. So war er ein funktionierendes Teil einer logistisch konstruktiv-technologisch exakt ausgeklügelten Vernichtungsmaschinerie geworden, deren Hauptaufgabe darin bestand, dass sich die Menschen gegenseitig schneller töten konnten.

Daher verkörpert die JFM Ju 188 im übertragenen Sinne den Adonis innerhalb der Ju 88-Familie. Konstruktiv-technologisch gesehen repräsentierte dieses nahezu ideal aerodynamisch geformte Flugzeug das technische Know-how seiner Zeit und wartete mit einer ungewohnten ästhetischen Ausdrucksform auf, deren Ausstrahlung man sich auch noch in der Gegenwart nicht immer entziehen kann. Es war eines der besten Propellermaschinen des zweiten Weltkrieges. Erst die Bewaffnung machte das Flugzeug zu einem Sendboten des Todes und der Vernichtung. Der schöne Adonis wurde der Mythologie nach auf der Jagd trotz seiner Waffen von einem Eber getötet. Auch in waffentechnischer Hinsicht war die Ju 188 auf der Höhe ihrer Zeit. Der überwiegende Teil der Flugzeuge wurde jedoch nicht im Luftkampf, sondern am Boden zerstört, da ihnen der Treibstoff fehlte.

Schußwaffen ausgewählter Ju 188-Baumuster

Ju 188 E – Horizontal- und Bahnneigungsbomber Baujahr 1943

Schußwaffen:

1	A-Stand	
	Lafette: L 151/3	Firma Ikaria
	Waffe: 1 x MG 151/20	Firma Mauser
	Munition: 200 Schuß gegurtet	
2	B-1 Stand	
	Lafette: Linsenlafette LLG 131	Firma Ikaria
	Waffe: 1 x MG 131	Firma Rheinmetall-Borsig
	Munition: 500 Schuß gegurtet	
3	B-2 Stand	
	Lafette: HD 151/2	Firma LAB
	Waffe: 1 x MG 151/20	Firma Mauser
	Munition: 450 Schuß gegurtet	
4	C-Stand	
	Lafette: Walzenlafette WL 81 Z	Firma LAB
	Waffe: 1 x MG 81 Z	Firma Mauser
	Munition: 1000 Schuß gegurtet je Lauf	
5	Heckstand (bemannt)	
	Lafette: HL 131 Z	Firma Ikaria
	Waffe: 2 x MG 131	Firma Rheinmetall-Borsig
	Munition: 600 Schuß gegurtet je Waffe	
6	Visier für starren Schuß im A-Stand	
	Visier: Revi C 12 C	Firma Zeiss-Jena

Ju 188 E – Horizontal- und Bahnneigungsbomber Baujahr 1943

Abwurfanlagen:

1	Abwurfanlage im Rumpf	
a)	1. Lastenraum	
	Träger: 2 Träger 4 Schloß 50/X (Rumpfseitenwand)	Firma MVN
	2 Träger 5 Schloß 50/X (Rumpfmitte)	Firma MVN
	Bombenlast: 18 x 50 kg = 900 kg	
b)	2. Lastenraum	
	Träger: 2 Träger 4 Schloß 50/X (Rumpfseitenwand)	Firma MVN
	1 Gerüst 2 Schloss 50/X (Rumpfmitte)	Firma MVN
	Bombenlast: 10 x 50 kg = 500 kg	
2	Abwurfanlage am Flügel (an beiden Tragflächen gleich)	
a)	Last I	
	Träger: Träger mit Schloßlafette 500/1000	Firma Junkers MWN
	Bombenlast: max. 1800 kg	
b)	Last II	
	Träger: ETC 500/IX	Firma SAM
	Bombenlast: max. 500 kg	

B1- und B2-Stand der Ju 188 A-2.

Bewaffnung der Ju 88 V27 im Vergleich dazu.

Röntgenschnitt durch den B2-Stand der Ju 188 E-2.

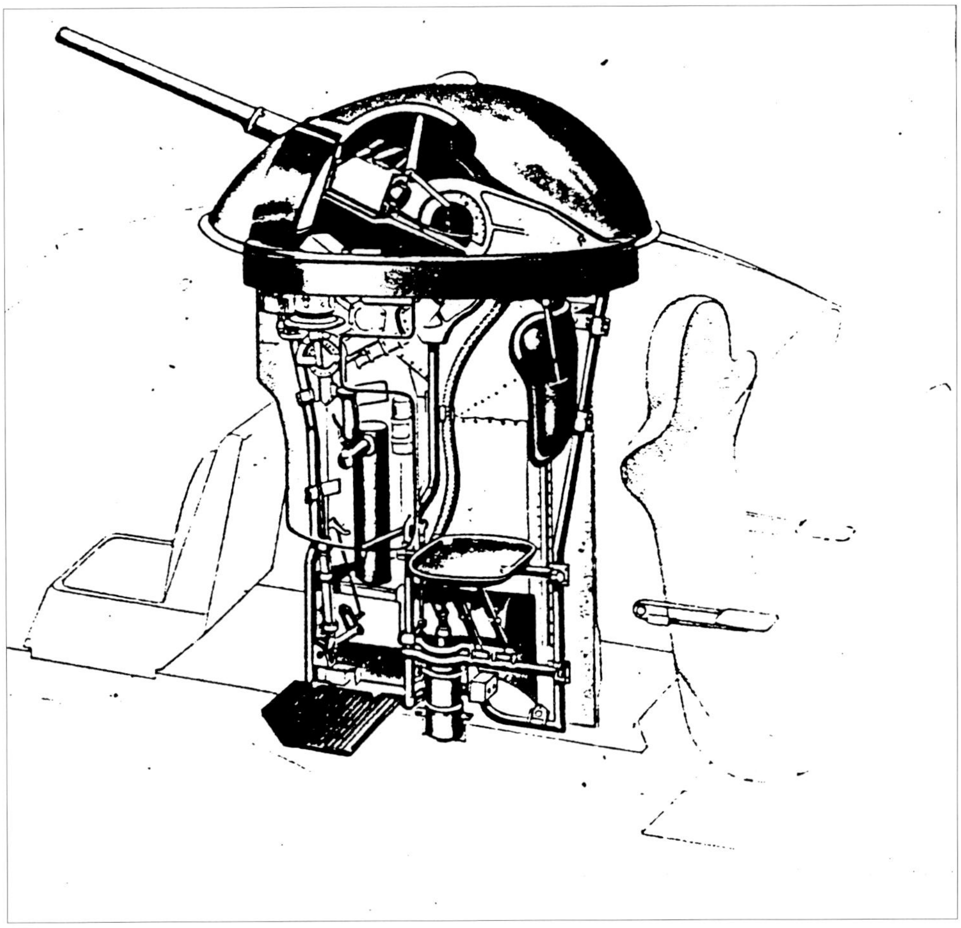

Patronenzuführung und -auswurf erfolgte bei allen Waffen der Ju 188 automatisch wie hier am MG 81 Z.

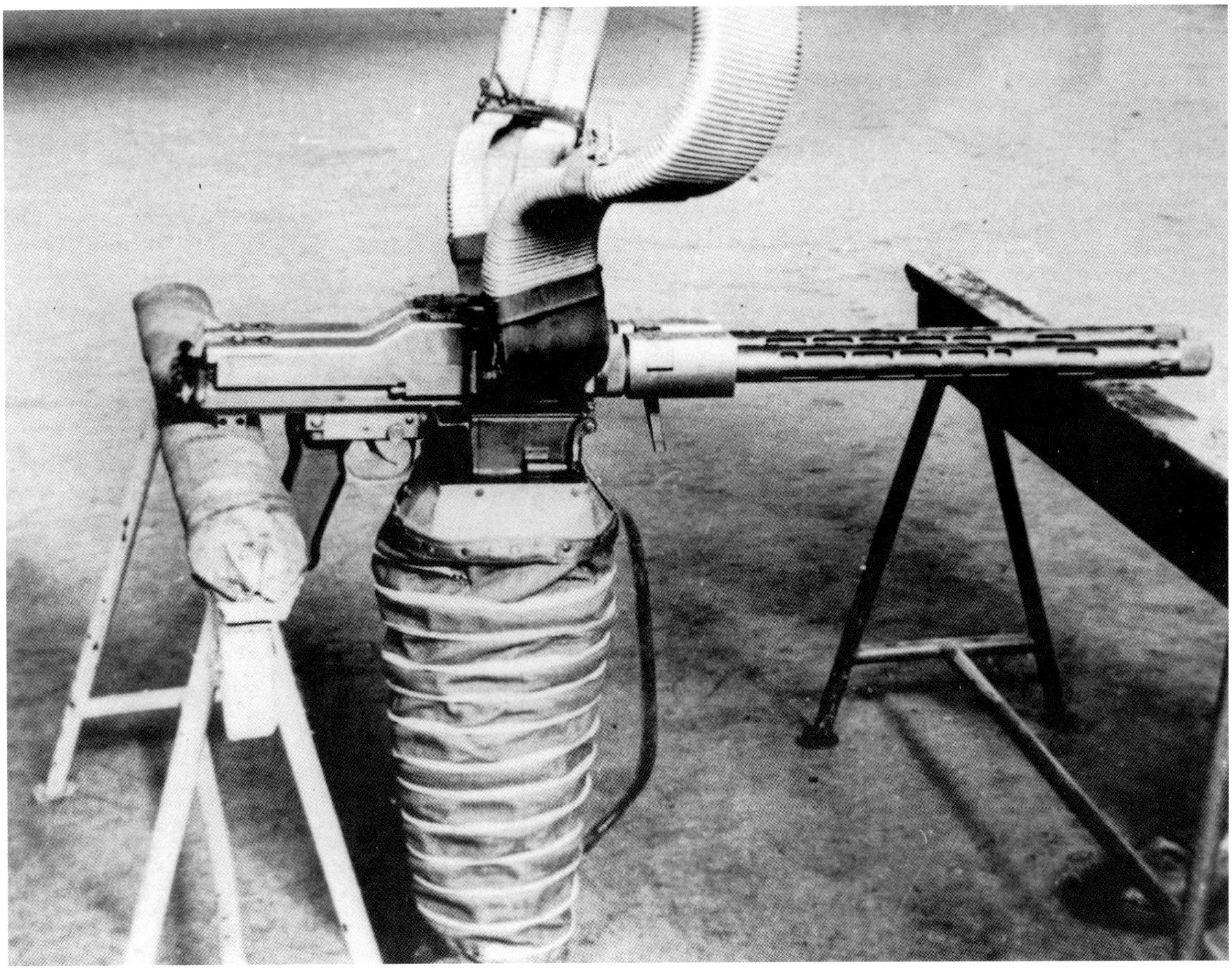

c) Last III
Träger: ETC 500/IX — Firma SAM
Bombenlast: max. 500 kg

3 Visier für Sturzangriff
Bombenzielanlage BZA — Firma Zeiss-Ikon

4 Visier für Horizontalangriff
Lotfernrohr Lotfe 7 C — Firma Zeiss-Jena
oder Bombenzielgerät BZG 2 — Firma Zeiss-Ikon

Ju 188 G-3 mit Torpedorüstsatz
Baujahr 1944 – 1945

Schußwaffen:

1 A-Stand
Lafette: L 151/3 — Firma Ikaria
Waffe: 1 x MG 151/20 — Firma Mauser
Munition: 200 Schuß gegurtet

2 B-1 Stand
Lafette: Linsenlafette LLG 131/E — Firma Ikaria
Waffe: 1 x MG 131 — Firma Rheinmetall-Borsig
Munition: 500 Schuß gegurtet

3 B-2 Stand
Lafette: HD 151/2 — Firma LAB
Waffe: 1 x MG 151/20 — Firma Mauser
Munition: 450 Schuß gegurtet

4 C-Stand
Lafette: Walzenlafette WL 81 Z — Firma LAB
Waffe: 1 x MG 81 Z — Firma Mauser
Munition: 1000 Schuß gegurtet je Lauf

5 Heck-Stand (bemannt)
Lafette: RL 131 Z — Firma Ikaria
Waffe: 2 x MG 131 — Firma Rheinmetall-Borsig

6 Visier: Revi C 12 C — Firma Zeiss-Jena

7 Torpedoabwurfanlage
Träger: 2 PVC 1006 B an Last I — Firma MVN
Munition: 2 Torpedo F5 oder F5w

8 Visier: Torpedokommandogerät ToKG
Firma LGW

Ju 188 J – Nachtjäger
Projekt 1944

Schußwaffen:

1 A-Stand (schwenkbar für Horizontalbeschuß und Schuß nach oben)
Lafette: Junkers — Firma Junkers
Waffe: 2 x MG 151 — Firma Mauser
Munition: 200 Schuß gegurtet je Waffe

2 B-Stand
Lafette: 2 x Linsenlafette
LL-X 81 VE — Firma Ikaria
Waffe: 2 x MG 81 — Firma Mauser
Munition: 750 Schuß gegurtet je Waffe

3 Schrägeinbau
Lafette: StL 151/7 — Firma LAB
Waffe: 1 x MG 151/20 — Firma Mauser
Munition: 200 Schuß gegurtet je Waffe

4 Starre Schußwaffe
Lafette: StL 151/7 — Firma LAB
Waffe: 3 x MG 151/20 — Firma Mauser

5 Visier für Schußrichtung nach vorn
Visier: Revi 16 B — Firma Zeiss-Jena

6 Visier für Schußrichtung nach oben
Visier: Revi 16 B — Firma Zeiss-Jena

Doppelter Lastenträger an den Tragflächen.

Heckstandvariante für die Ju 188 G-O.

Dieser Prototyp mit Heckstand ging nicht in Serie.

Erprobungsmuster für den ferngesteuerten MG-Heckstand der Ju 188 G-Baureihe.

Platz für den Heckschützen.

Ferngesteuerter MG 131-Heckstand der Ju 188 G-1.

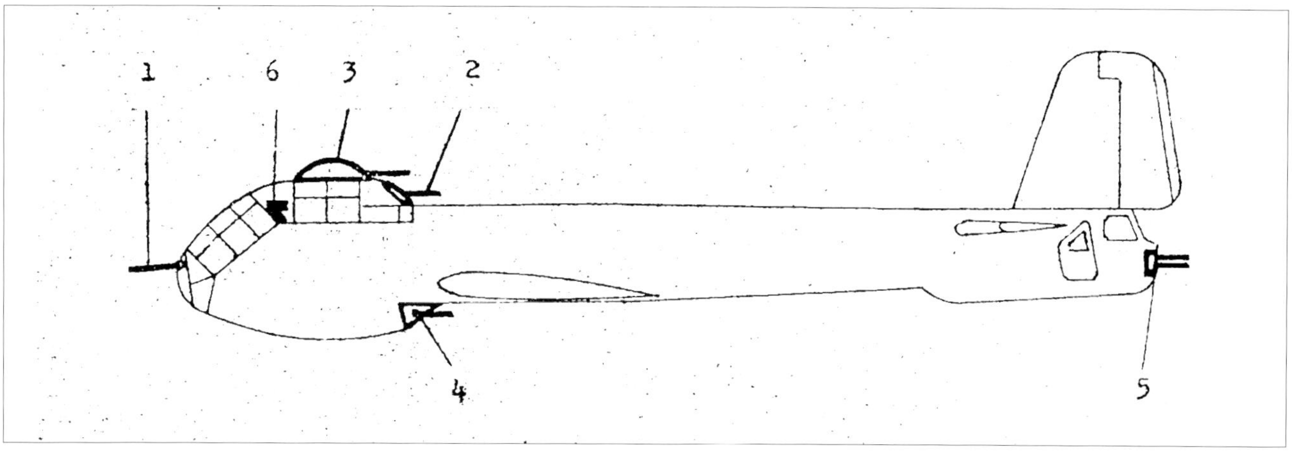

Schußwaffen der Ju 188 E.

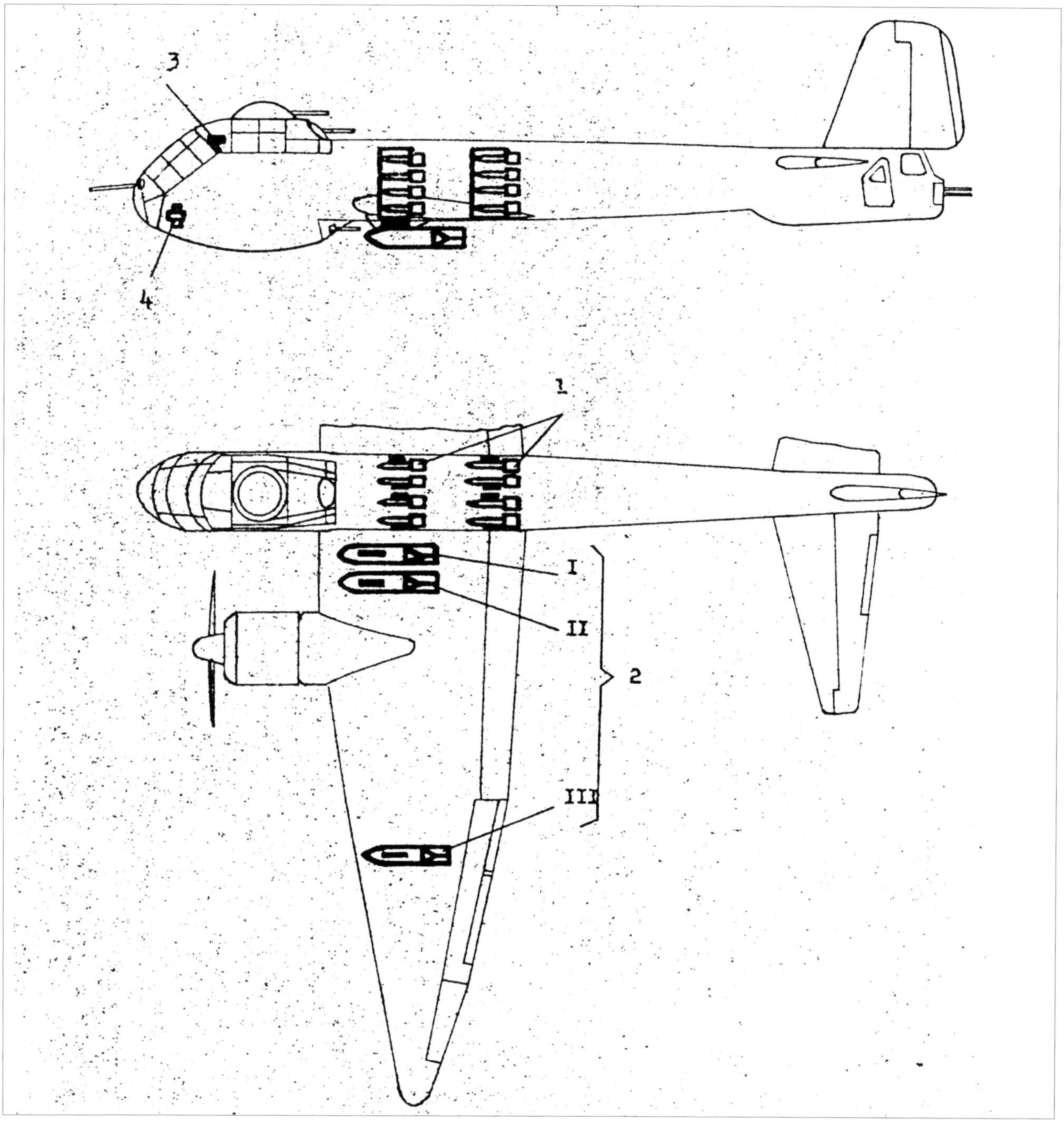

Abwurfanlagen der Ju 188 E.

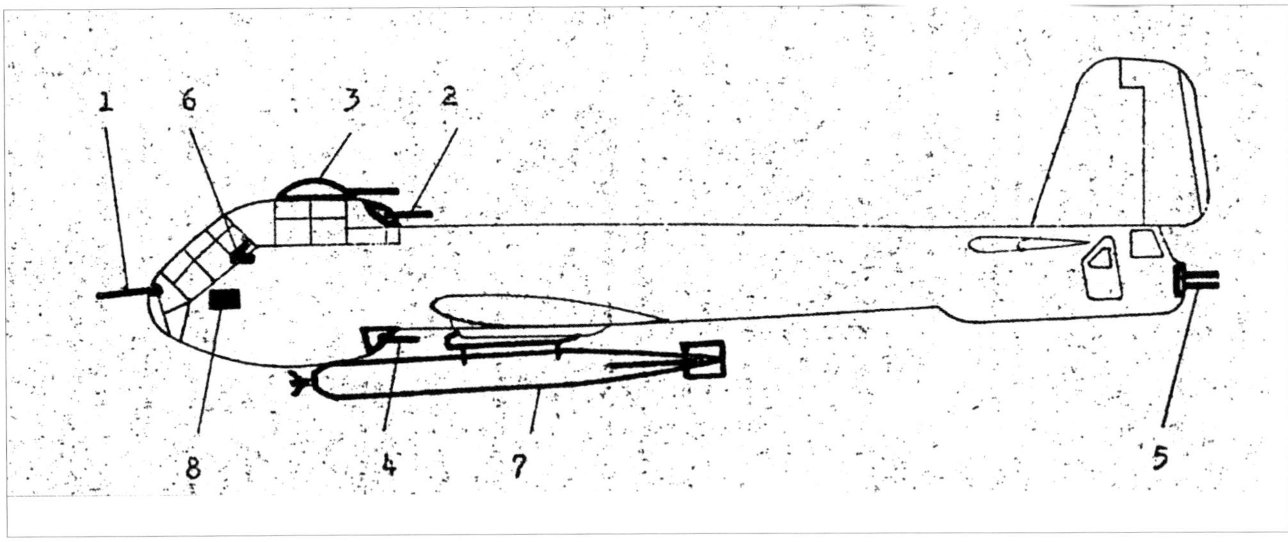

Torpedorüstsatz der Ju 188 G-3.

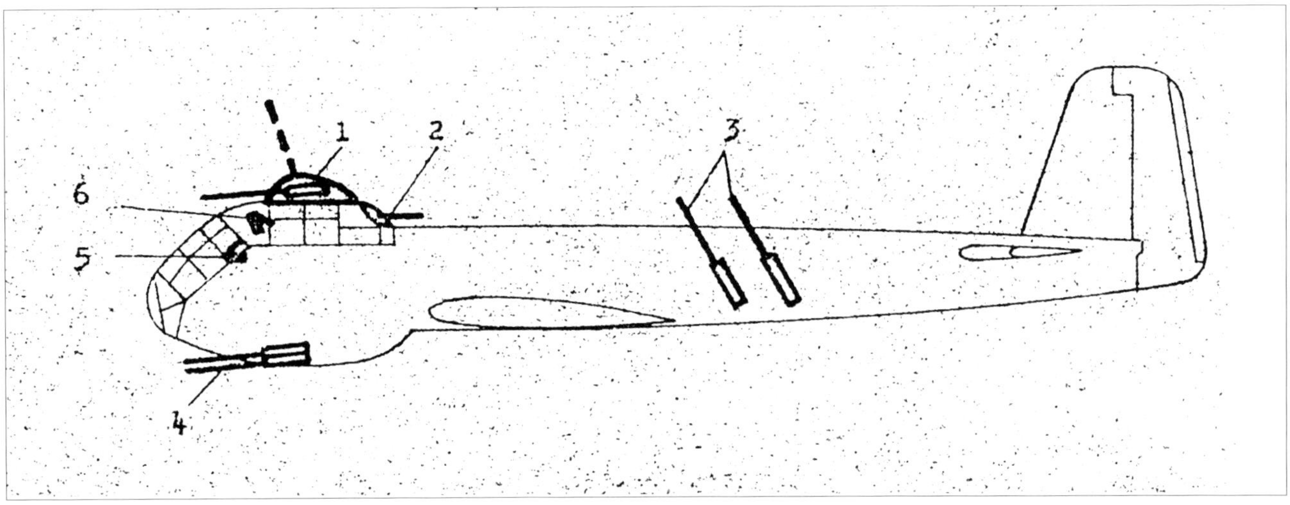

Schußwaffen der Ju 188 J (Projekt).

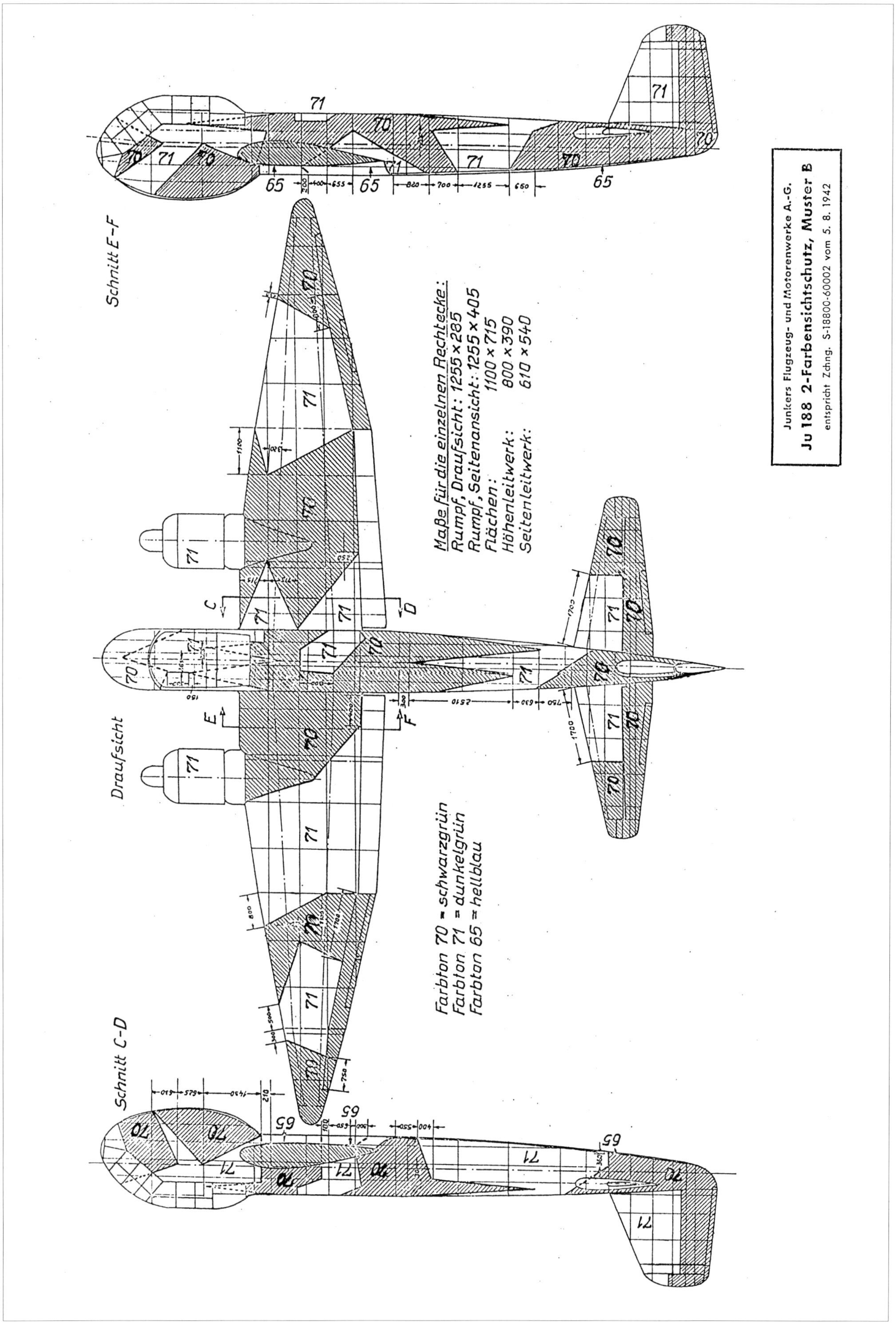

Originalzeichnung der Tarnfarbengebung der Ju 188.

Neben der Tarnbemalung und den Markierungen für die Kennung zeigt die Gegenüberstellung sehr anschaulich den gestalterisch-konstruktiven Werdegang der Ju 88-Entwicklung im Zeitraum 1940–1944. Von oben nach unten: JFM 88 D-1, JFM 188 F-1, JFM 388 L-1.

Die schweren Bombenangriffe der 8. US-Air-Force am 30. Mai, 20. Juli und am 16. August 1944 gegen die Junkers Flugzeug- und -Motorenwerke Dessau verzögerten auch die Weiterentwicklung der Ju 188-Baureihen und ihrer Folgemuster.

Eine JFM Ju 188 D-2, hier bereits mit RAF-Kennung, wurde nach dem Krieg auf der Basis in RAE Farnborough gründlich untersucht, getestet und danach verschrottet.

Die Ju 188 im Kleinstmaßstab – Hinweise für den Modellbauer

Im Original existiert heute keine Ju 188 mehr. Kein Flugzeug hat den Krieg überdauert und weltweit sind in den Luftfahrt- und Technikmuseen keine Teile oder größere Baugruppen dieser Maschine bekannt, so dass sich Vergleiche ausschließlich auf die noch vorhandenen technischen Unterlagen beziehen müssen. Eine wesentliche Orientierungshilfe ist jedoch in der einzig noch erhaltenen Ju 388 L-1 zu finden, die für das National Air and Space Museum zur Zeit in Silver Hill/Maryland eingelagert ist. Diese intakte Maschine fanden die amerikanischen Alliierten am 19. April 1945 im Junkerszweigwerk Merseburg, das interimistisch im Zuge der Kriegsauslagerungen in zwei großen Flugzeughallen des dortigen Fliegerhorstes untergebracht war. Bis auf einige Veränderungen bei der Instrumentierung in der Flugzeugkanzel – die Amerikaner bauten während ihrer Testflüge mit der Beutegutmaschine teilweise eigene Geräte ein – handelt es sich bei der klimatisierten Druckkabine des Führerraumes samt Innenausstattung um ein Bauteil der Ju 188. Entsprechend ihrer Formgebung ist diese jedoch der Bodenwanne des Ju 388-Rumpfes angepasst. Bei einer etwas exakteren Untersuchung des Rumpfes dieser Maschine sind auf einigen Baugruppen auch Typenschilder zu erkennen, die in ihren Sachnummern auf die Identität der Ju 188 verweisen. Dies verweist auf die von den JFM-Konstrukteuren angestrebte Disponibilität im Austausch von Baugruppen und -Teilen innerhalb der großen Ju 88-»Familie«.

So schließt sich der Kreis einer Entwicklungsreihe. Für den fachlich bis in das Detail gehenden Interessenten wird es auf diesem Gebiet sicher auch künftig noch etliches zu entdecken geben. Dazu gehört auch die Erwähnung eines historischen Großmodells im Maßstab 1:25 einer Ju 188. Es entstand 1943 als maßstabsgerechte Sonderanfertigung bis in das kleinste Detail aus hochglanzpolierten Neusilberblech (Alpaka) in der Modellbauwerkstatt innerhalb der Abt. Versuchsbau der Junkers Flugzeug- und -Motorenwerke Dessau durch den damals siebzigjährigen Klempner Karl Hampusch und war für Repräsentationszwecke vorgesehen. Mindestens zwei Modelle sind nachweisbar gefertigt worden und befanden sich im Besitz des Aufsichtsratsmitgliedes der JFM Dr. Eberhard von Brauchitsch und des General-Luftzeugmeisters des RLM Erhard Milch. Eines dieser Modelle tauchte 1992 im Hamburger Kunsthandel wieder auf und ist wegen der Detailtreue auch abgebildet.

Durch den Fachhandel werden gegenwärtig Bausätze der JFM Ju 188 in zwei verschiedenen Maßstäben angeboten, die im Zusammenbau wegen ihrer plastischen Profilierung als Modell eine ausgezeichnete verkleinerte Kopie des Originals darstellen. Natürlich ist Fingerspitzengefühl und detailgetreues Umsetzen der jeweiligen Flugzeugvariante eine wesentliche Voraussetzung; es ist auch eine Herausforderung, der sich wohl jeder Modellbauer gern stellt. Wichtig ist die Freude an der Arbeit, das Sehen und Vergleichen von Details, um sich somit auf dem Gebiet der handwerklich-filigranen Beschäftigung zu üben. Zu sehen und zu vergleichen gibt es in diesem Heft viel, so dass sich jeder interessierte Modellbauer sein Modell nach der von ihm ausgewählten Variante nachbauen kann. An dieser Stelle sei im besonderen dem Modellbauer Damian Güttner vom Plastik-Modellbauclub Bodensee e.V. sowie Thomas Erfurth und Martin Kuras von der Modellvereinigung Hugo Junkers in Dessau gedankt, die freundlicher Weise Fotos bzw. Modelle für diese Veröffentlichung zur Verfügung stellten.

Doch was nützt das beste Modell, wenn seine Geschichte nicht bekannt ist! Daher ist es auch ein wichtiges Anliegen der vorliegenden Veröffentlichung, die facettenreiche Geschichte dieses Flugzeugtyps in der Entwicklung darzustellen und im Kontext der Zeit zu sehen. Nur so kann man beim unmittelbaren Erleben der Faszination der Technik auch ihre Janusköpfigkeit erkennen. Und das ist ein Erkenntnisgewinn, der nicht nur für den Modellbau von Nutzen sein kann.

Historisches Großmodell aus Metall im Maßstab 1 : 25 von 1943.

Modell mit offenen Lastenräumen.

Plastik-Modell der Ju 188 im Maßstab 1 : 48, ein Dragon-Umbau von Damian Güttner.

Plastik-Modell der Ju 188 im Maßstab 1 : 48, ein Dragon-Umbau von Damian Güttner.

Ju 188 Matchbox-Modell im Maßstab 1 : 72 von Thomas Erfurth.

Ju 188 Matchbox-Modell im Maßsab 1 : 72 von Thomas Erfurth.

Ju 188 Matchbox-Modell im Maßstab 1 : 72 von Thomas Erfurth.

Ju 188 Matchbox-Modell im Maßstab 1 : 72 von Thomas Erfurth.

Modell der Ju 188 im Maßstab 1 : 72 von Martin Kuras.